• 古代——十八世纪 •

外国建筑历史图说

• 罗小未　　蔡琬英 •

外国建筑历史图说
罗小未　蔡琬英　编著
责任编辑　李　涛　黄国新　　装帧设计　徐　繁　李志云

出版发行　同济大学出版社　www.tongjipress.com.cn
（地址：上海市四平路1239号　邮编：200092　电话：021－65985622）
经　　销　全国各地新华书店
印　　刷　江苏句容排印厂
开　　本　787mm×1092mm　1/16
印　　张　10.5
字　　数　262 000
印　　数　264 901—273 000
版　　次　1986年1月第1版　2022年7月第37次印刷
书　　号　ISBN 978-7-5608-1115-4

定　　价　18.00元

目　　录

第一篇

原始社会的建筑

1·1

原始社会是人类社会发展的第一个阶段。原始人为了自身的生存必须与自然界作斗争,在斗争过程中,促进了生产与社会的发展,同时创造了原始人的建筑。

原始人最初或栖居于树上,如**巢居**(图 1·2),或住在天然的洞穴里(图 1·3)。不断的斗争使劳动工具进化了,原始人的文化也从蒙昧时期进入野蛮时期;在建筑中逐渐出现了人工的**竖穴居**(图 1·4)与地面的居所,如**蜂巢形石屋**(图 1·5)、**圆形树枝棚**(图 1·6)、**帐蓬**(图 1·7)以及**长方形的房屋**。

随着原始人的定居,开始有了村落的雏形。它们的布局常呈环形(图 1·12)。在湖沼地区并出现了水上村落,**湖居**(图 1·8,1·9)。据考察,当时已有相当水平的梁柱结构与造桥技术。

这时期还出现了不少宗教性与纪念性的巨石建筑,如崇拜太阳的**整石柱**(**Monolith**,图 **1·13**)、**列石**(**Alignment**)、**石环**(**Stonehenge**,或译石栏、石阵,图 1·14,1·15)以及埋葬死者的**石台**(**Dolmen**,图 1·18)。某些地区已有了椭圆形平面的**庙宇**(图 1·17)。

建筑从诞生之日就孕育着艺术装饰的萌芽。在原始人居住过的山洞中发现有涂抹了鲜艳色彩的壁画,有些地方还有雕刻。

1·2

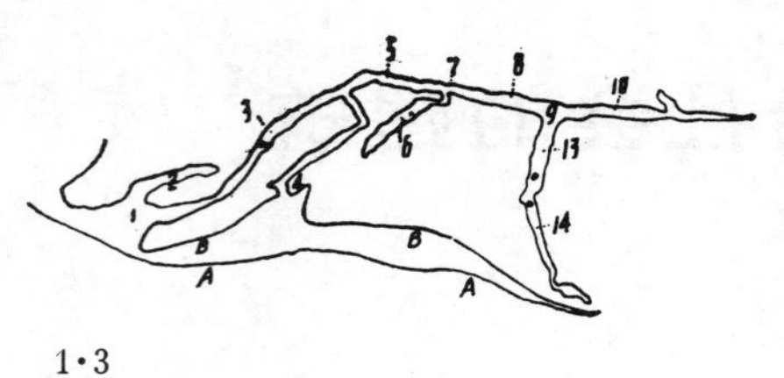

1·3

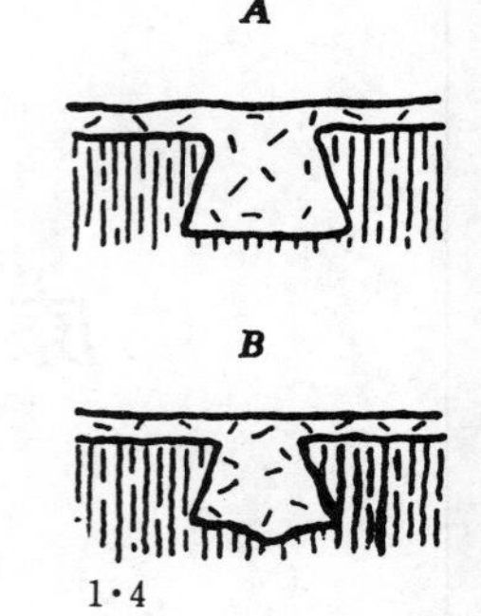

1·4

1·5

1·6

1·7

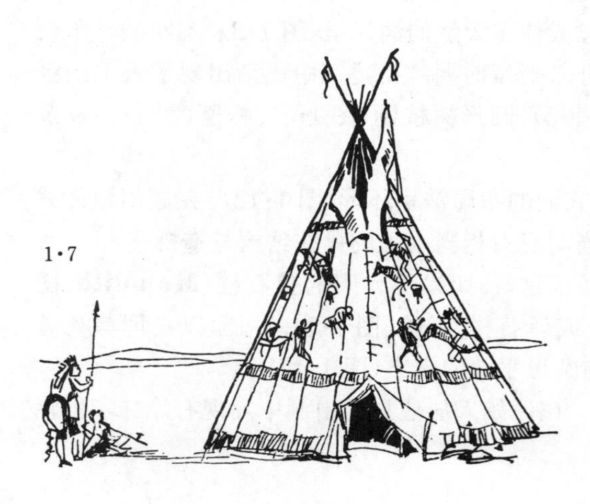

1·2 马来亚半岛的**巢居**

1·3 法国**封德哥姆洞**(**Font de Game**)平面,图中7、8、10、三处有旧石器时代原始人绘的壁画,共长123米。

1·4 法国阿尔塞斯(**Alsace**)**竖穴**的两种剖面。新石器时代遗址。其平面略呈圆形,剖面上小下大,又称袋穴。

1·5 新石器时代的**蜂巢形石屋**,图所示者在苏格兰的刘易斯。

1·6 **圆形树枝棚**。

1·7 美洲印第安人的帐篷。

1·8

1·9

1·10

1·11

1·12

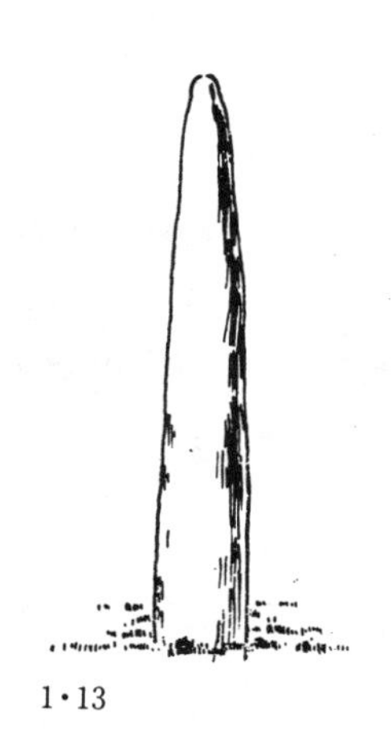

1·13

1·8　建在木桩上的**湖居**

1·9　瑞士纳沙泰尔湖(**Neuchatel**)一新石器时代的**湖居**复原图。

1·10　爪哇(印尼)一村庄

1·11　西德汉诺威一**石台**(**Dolmen**, 又译**石桌**)

1·12　基辅特里波里一新石器时代村落的复原图。

1·13　法国布列塔尼(**Brittany**)的原始**整石柱**(**Monolith**), 其中最大者直径 4.28 米, 高 19.2 米, 重约 260 吨。

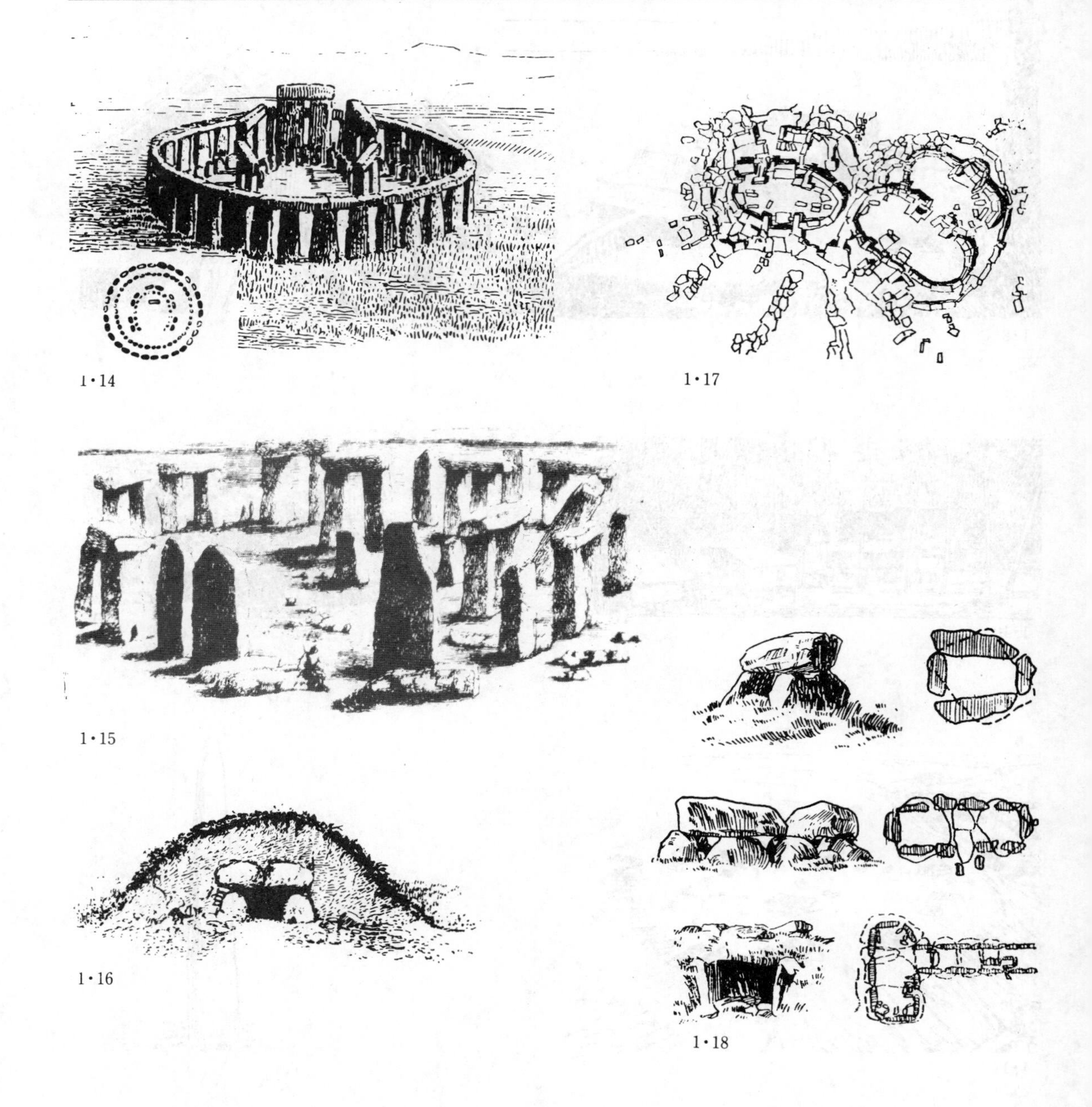

1·14

1·17

1·15

1·16

1·18

1·14, 1·15 **石环**(**Stonehenge**, 又译石栏、石阵)。图为英国索尔兹伯里(**Salisbury**)的石环。上为复原图。布局直径约 32 米, 石杆高 5 米余, 当中有五座门状的石塔。据测, 石杆与石门的排列及间距同每年主要节令日中太阳与月亮起落时所投的阴影有关。

1·16 西德安格尔恩(**Angeln**)一在石台上堆上了土的**坟墓**

1·17 马尔他岛上一**原始庙宇**的遗迹

1·18 瑞典一**石台**的平、立、剖面。

第二篇
古代奴隶制国家的建筑

2·1·1

2·1　古代埃及的建筑
(约公元前3200年—前30年)

公元前4000年以后,随着社会生产力的发展与原始公社的瓦解,世界上先后出现了最早的奴隶制国家(图2·1·2):埃及、西亚的两河流域、印度、中国、爱琴海沿岸和美洲中部的国家。古代埃及是其中最早之一,位于非洲东北部尼罗河流域(图2·1·3)。它在公元前3500年左右形成了上、下埃及王国,公元前3200年前后初步统一,建立了古代埃及王国,并实行奴隶主专制统治,国王法老掌握军政大权。

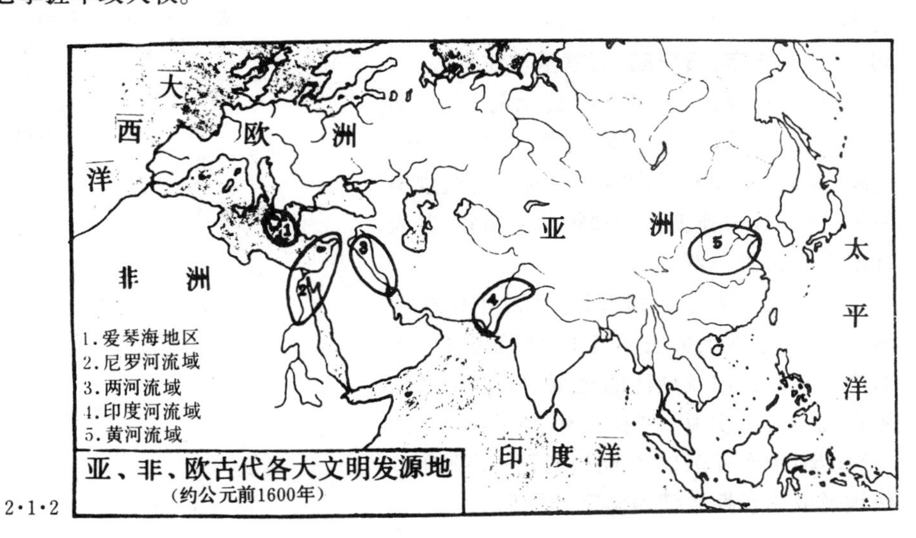

2·1·2

2·1·3

古代埃及地图

亚历山大	Alexandria
吉萨	Giza
赫利奥波利斯	Heliopolis
孟菲斯	Memphis
萨卡拉	Sakkara
达舒尔	Dahshur
贝尼·哈桑	Beni Hasan
德·埃·巴哈利	Del-el-Bahari
底比斯	Thebes
卢克苏尔	Luxor
卡纳克	Karnak
爱德府	Edfu
阿斯旺	Aswan
阿布辛贝勒	Abu Simbel

尼罗河两岸树木稀少，气候炎热，北部（下游）是沙漠，南部（上游）是山岩。早期的建筑材料是土坯与芦苇，以后重要的建筑常用石料。为了防热，墙和屋顶做得很厚，窗洞小而少。

古埃及建筑的发展可按其国家的历史分为四个时期：

古王国时期（第一—十王朝，约公元前3200—前2130年）以北部尼罗河三角洲为主。首都孟斐斯。这时期至今尚存的建筑（图2·1·4—8，2·1·12—15）以**陵墓**（“玛斯塔巴”、金字塔）为主。古埃及人迷信人死后会复活并从此得永生，故法老与贵族均千方百计地建造能保存自己躯体的陵墓。

中王国时期（第十一—十七王朝，公元前2130—前1580年）的国土扩展到南部山区。主要的建筑活动集中在首都底比斯周围。现存的建筑（图2·1·22—28，2·1·33—38）以**庙宇**为主，有些规模很大并巧妙地与地形结合。

新王国时期（第十八—三十王朝，公元前1582—前332年）仍以底比斯为首都。现存的建筑（图2·1·17—21，2·1·29—32，2·1·39—41）有**庙宇**、**石窟庙**、**石窟墓**与**住宅**等。

晚期（托勒密王朝时期，公元前332—前30年）当时北部屡受亚述、波斯、希腊等国的侵略，最后为古罗马所并吞。这时的建筑规模不大，但设计与施工技巧却较前为精致，并表现出来自希腊与罗马的影响。

罗马帝国入主古埃及后，埃及不仅在政治、经济与宗教上失去了自主，建筑也受到了影响。从此古埃及地区的建筑随着统治者的更迭而变化。其中，阿拉伯帝国（640—1517年）和奥斯曼帝国的影响（1517—1798年），使埃及成为伊斯兰建筑体系的中坚。

2·1·9

2·1·4

“玛斯塔巴”(**Mastaba**,图所示者建于第三王朝,约公元前28世纪) 孟菲斯一带的早期帝王陵墓。其形式可能源于对当时贵族的长方形平台式砖石住宅的模仿。内有厅堂,墓室在地下,上下有阶梯或斜坡甬道相连。后来的金字塔是从此发展起来的。其过渡的示意例子是昭赛尔金字塔(图2·1·6),麦登金字塔(图2·1·7)和达舒尔金字塔(图2·1·8)。

2·1·5—6

萨卡拉 昭赛尔金字塔(Pyramid of Zoser,建于第三王朝,约公元前2778年) 古埃及现存的金字塔式陵墓中最早者。全部用石建成。塔身呈阶梯形,塔底边东西125米,南北109米,高约60米,周围有庙宇。建筑群占地约547×278米。

2·1·7

麦登 金字塔(Pyramid at Meydum) 建于第三王朝末期。塔底边144.5米见方,高约90米。塔身下部斜度呈51°。

2·1·8

达舒尔 金字塔(Pyramid at Dahshur) 建于公元前2723年。塔底边187米见方,高约102米。塔身下部斜度呈43°,上部斜度呈54°15′。

2·1·9

古埃及常见的柱子形式:A. 莲花束茎式; **B.** 纸草束茎式; **C.** 纸草盛放式

2·1·10—11

柱头(又称柱帽)常为纸草花、莲花或棕榈叶形。2·1·10为棕榈叶式;2·1·11为纸草花式。

2·1·12

2·1·13

2·1·13

金字塔施工时用木橇搬运石块。

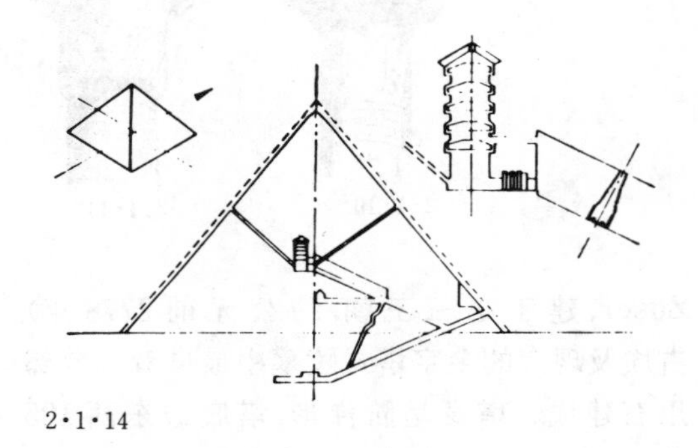

2·1·14

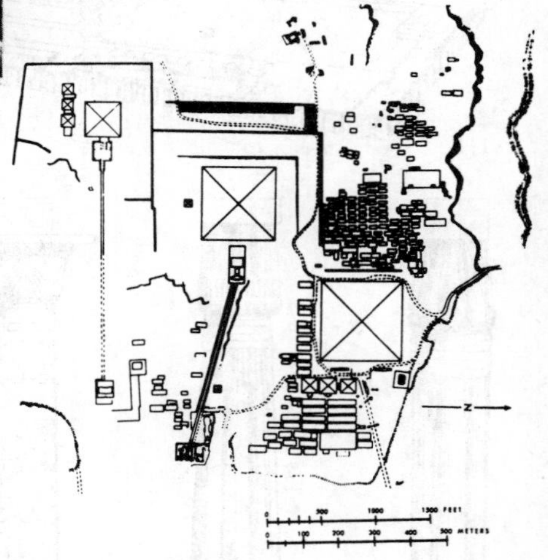

2·1·15

吉萨金字塔群总平面：

(右)胡夫金字塔，**Khufu (Cheops)**，塔原高146.4米，底边长230.6米

(中)哈夫拉金字塔，**Khafra (Chephren)**，塔高143米，底边长216米

(左)孟卡拉金字塔，**Menkaura (Mycerinus)**，塔高66.5米，底边长109米

大斯芬克斯全长约73.2米，最高处高约20米。头部为法老哈夫拉的头像，面宽4.1米。主体由整块岩石雕成，狮爪为石砌。

2·1·12—15

吉萨 金字塔群(Great Pyramids, Giza, 建于第四王朝，约公元前2723—前2563年)在今开罗近郊，主要由**胡夫金字塔(Khufu)**、**哈夫拉金字塔(Khafra)**、**孟卡拉金字塔(Menkaura)**及**大斯芬克斯(Great Sphinx)**组成。周围还有许多"玛斯塔巴"与小金字塔。胡夫金字塔(图2·1·12)，希腊人称之齐奥普斯金字塔(**Cheops**)，是其中最大者。形体呈正方锥形，四面正向方位。塔原高146.4米，现为137米，底边各长230.6米，占地5.3公顷，用230余万块平均重约2.5吨的石块干砌而成。塔身斜度呈51°52′，表面原有一层磨光的石灰岩贴面，今已剥落。入口在北面离地17米高处，通过长甬道与上、中、下三墓室相连(图2·1·12)。处于皇后墓室与法老墓室之间的甬道高8.5米、宽2.1米。法老墓室有二条通向塔外的管道(203×152毫米)，室内置放着盛有木乃伊的石棺。地下墓室可能是存放殉葬品之处。这座灰白色的人工大山，以蔚兰天空为背景，屹立在一望无际的黄色沙漠上，是千百万奴隶在极其原始的条件下的劳动与智慧结晶。

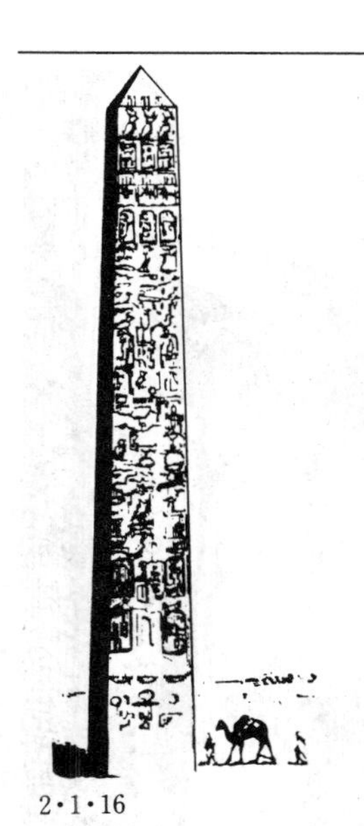

2·1·16

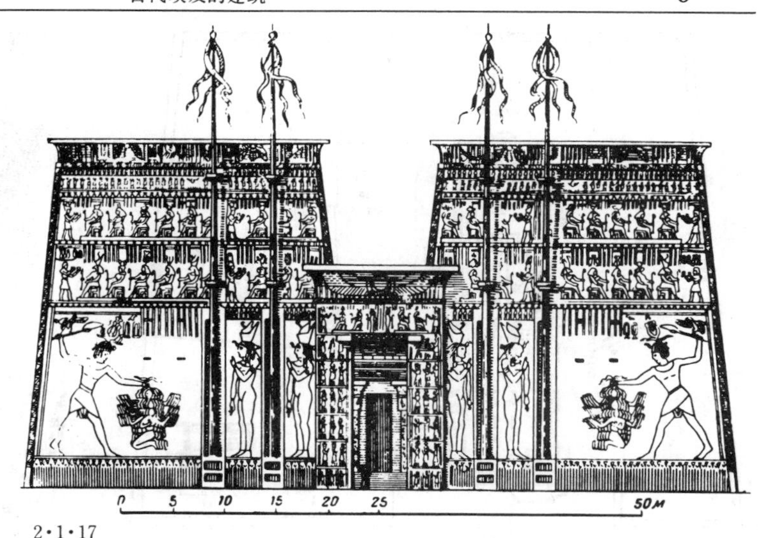

2·1·17

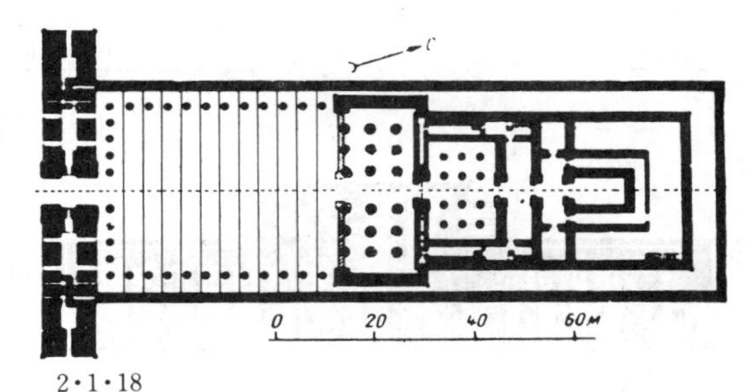

2·1·18

2·1·19

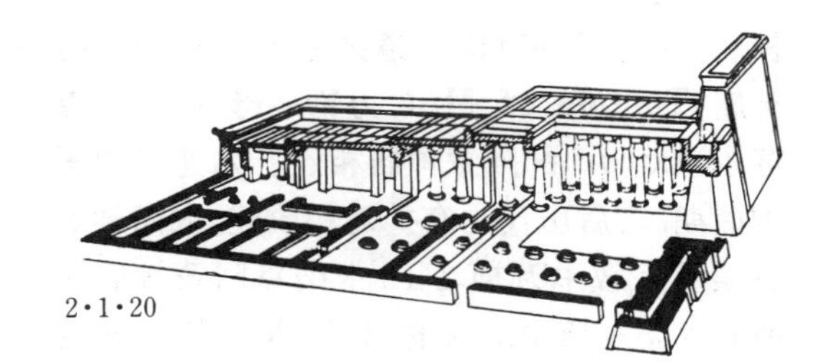

2·1·20

2·1·21

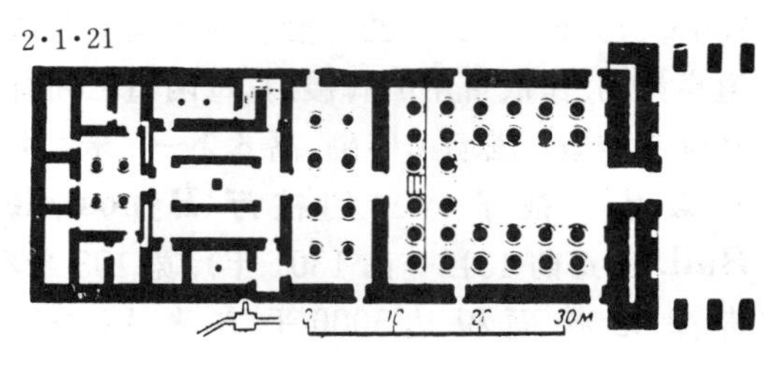

2·1·16

方尖碑(Obelisk)　古埃及崇拜太阳的纪念碑。常成对地竖立在神庙的入口处(见图2·1·19)。其断面呈正方形,上小下大,顶部为金字塔形,常镀合金。高度不等,已知最高者达五十余米,一般修长比为9～10:1,用整块花岗石制成。碑身刻有象形文字的阴刻图案。古埃及的方尖碑后被大量搬运到西方国家。

2·1·17—21

神庙在古埃及是仅次于陵墓的重要建筑类型之一。其布局轴线对称,沿着纵深方向顺序布置着牌楼门、内院、层层次次的神殿及僧侣用房。围墙高而且厚,庙前常有两旁排着斯芬克斯(常为羊首狮身者)的神道。神殿内部石柱粗大密集,天棚越往里间越低(图2·1·20),地面却越往里越升高,光线昏暗,气氛神秘。图2·1·17—18是在**爱德府的霍鲁神庙**(**Temple of Horus**,旭日神,建于公元前237—前57年)。其**牌楼门**(**Pylon**)比较典型:由两座高大的梯形实墙夹着当中一个矩形门洞组成,形体简单而稳重,墙面上刻有程式化的人物与象形文字图案,并嵌有石制旗杆。图2·1·19是一般神庙的外观。图2·1·20—21是在**卡纳克的孔斯神庙**(**Khons**,月神,约建于公元前1198年),规模较小。

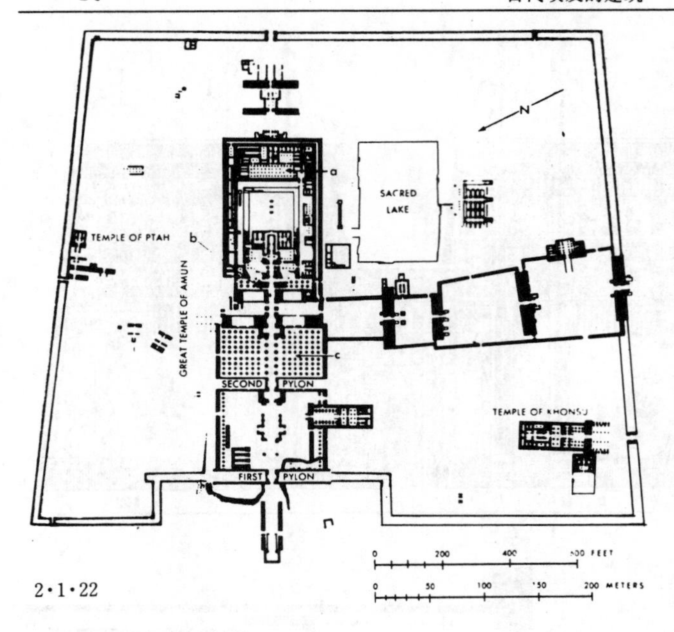

2·1·22

2·1·24

2·1·23

2·1·22—26

卡纳克 阿蒙神庙（**Great Temple of Ammon**，太阳神，大规模扩建于公元前1530—前323年） 底比斯卡纳克地区一组庞大建筑群中的一部分（图2·1·22—26）。在它周围有孔斯神庙（图2·1·20，21）和其它小神庙，并有**斯芬克斯大道**把它同附近的缪特神庙（**Temple of Mut**，万物之母）和在卢克苏尔（**Luxor**）的阿蒙神庙相连。始建于中王国时期，之后历代均有扩建和改建。太阳神是古埃及宗教中万神之王，卡纳克阿蒙神庙是所有太阳神庙中最大的。其形体对称，长宽约366×110米（图2·1·22），沿长向轴线上有六道高大的、作戒备用的**牌楼门**，每两道之间有庭院或神殿。围墙为砖砌，高6.1～9米。主神殿是一柱子林立的**柱厅**（**Hypostyle Hall**，公元前1312—前1301年），宽103米，进深52米，面积达5000平方米（图2·1·22—23），内有16列共134根高大的石柱。中间两排十二根柱高21米，直径3.6米，支承着当中的平屋顶；两旁柱子较矮，高13米，直径2.7米，平顶也较低。所有柱子、梁枋刻满彩色阴刻浮雕。殿内石柱如林，仅以中部与两旁屋面高差所形成的高侧窗采光（图2·1·25），光线阴暗，形成了法老所需要的“王权神化”的神秘压抑的气氛。

2·1·22 总平面
2·1·23 柱厅剖面
2·1·24 柱厅现状
2·1·25 柱厅上部的高侧窗
2·1·26 鸟瞰复原图

2·1·25

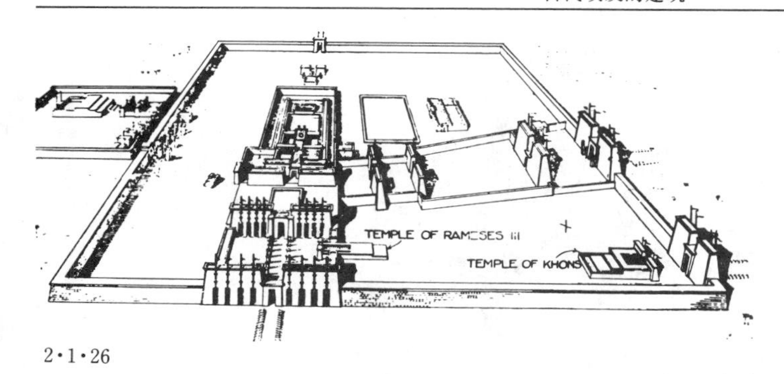

2·1·26

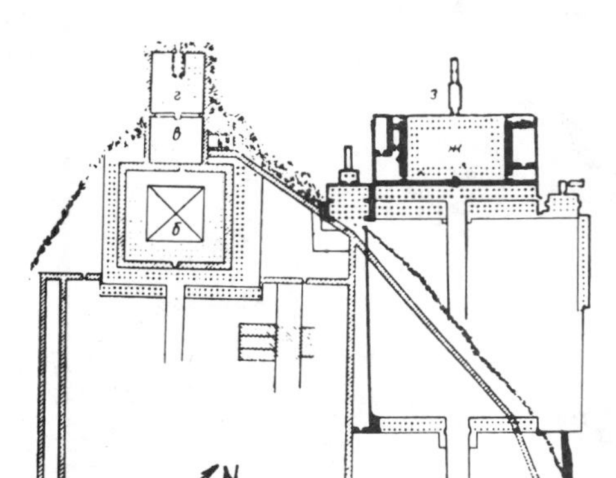

2·1·27

2·1·28

2·1·27—28

德·埃·巴哈利建筑群(Temples at Del-el-Bahari, 由两座陵墓兼神庙组成,即曼特赫特普庙(**Mentuhotep**,王名,第十一王朝,约公元前2065年,平面图左)和哈特什普苏庙(**Hatshepsut**,王名,第十八王朝,约公元前1520年,平面图右)。前者把传统的金字塔与底比斯的石窟墓(又称崖墓)结合了起来;后者巧妙地利用了地形。两座庙的主体建筑同建在一片从断崖伸展出的大平台上,其敞廊同山岩结合和谐。

2·1·29

德·埃·巴哈利　哈特什普苏庙中的安比斯小庙(Small Temple of Anbis, 第十八王朝,公元前1480年)　位于中部大院北角(图2·2·27)。入口门廊中有柱子12根。柱子呈近似圆形的多边形,比例匀称,略有收分,上有方形垫板,檐上有仿木结构的痕迹,反映了古埃及与古爱琴很早就在文化上有交流。

2·1·29

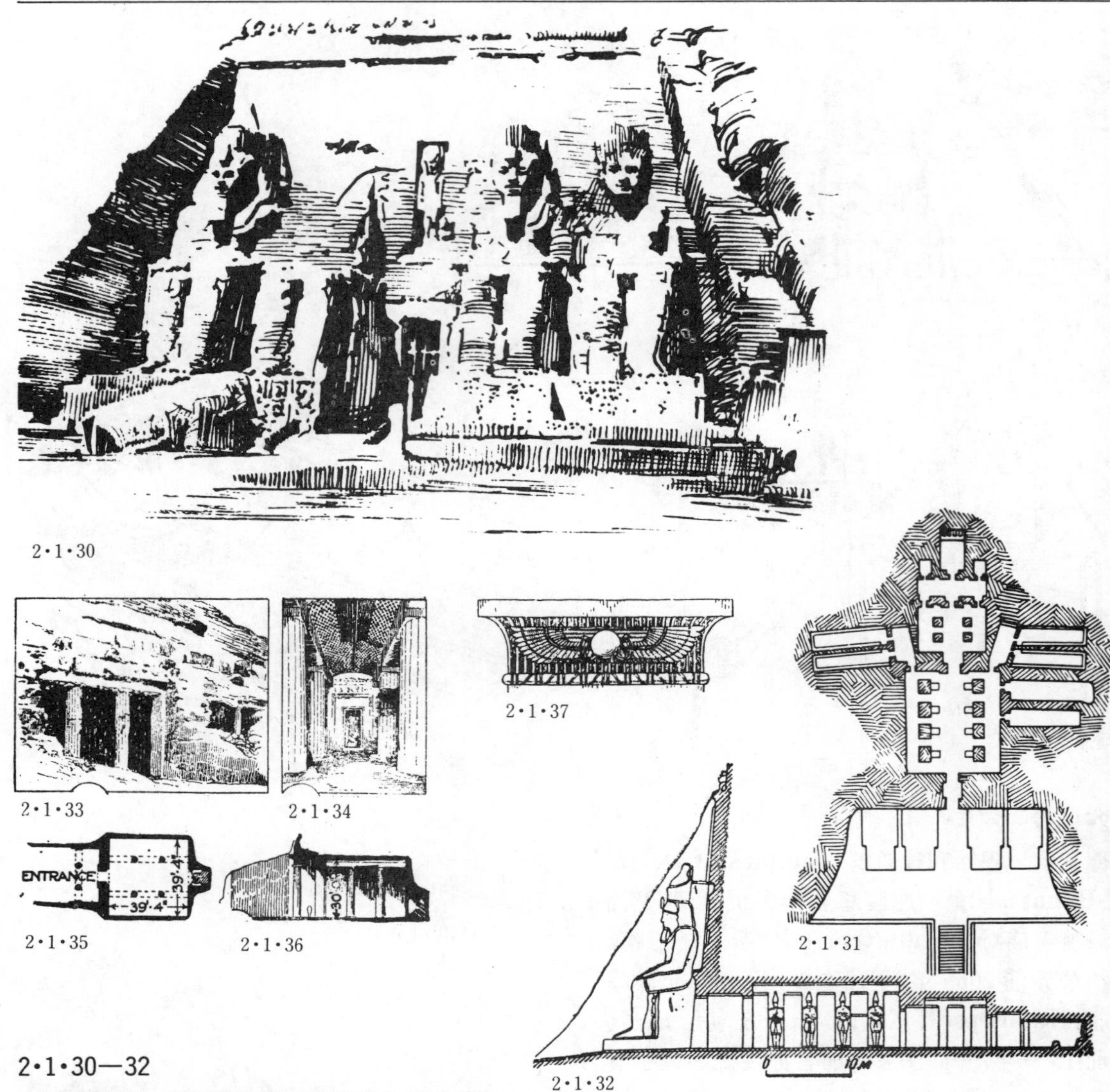

2·1·30
2·1·33
2·1·34
2·1·37
2·1·35
2·1·36
2·1·31
2·1·32

2·1·30—32

阿布辛贝勒　阿蒙神大石窟庙(Great Temple, Abu Simbel,新王国时期第十九王朝,约公元前1301年)　古埃及石窟建筑中的杰出代表,全部凿岩而成。前面有一平整的入口大平台,正面在悬崖壁上凿出像牌楼门的样子(图2·1·30),宽约36米,高约32米。门前有四尊国王拉美西斯二世的巨大雕像,像高20米。内部(图2·1·31)有前后两个柱厅,末端是神堂。前柱厅的八根柱子是神像柱,周围墙上布满壁画。1966年尼罗河水因修建了阿斯旺水坝而涨高,此庙势将被淹没,现已迁至比原址后退180米、高64米的山上。

2·1·33—36

贝尼·哈桑　帝王石窟墓(Tombs, Beni-Hasan　第十一与十二王朝,约公元前2130—前1785年,)　古代埃及自中王国时期迁都至南部山区后,陵墓与神庙大多因地制宜、凿岩而成。在贝尼·哈桑附近有石窟墓39座,平面(图2·1·35)与"玛斯塔巴"相似,入口(图2·1·33)为一双柱门廊,墓室天花呈拱形。

2·1·37

埃及神庙门楣上的**双翼太阳**,象征王室。

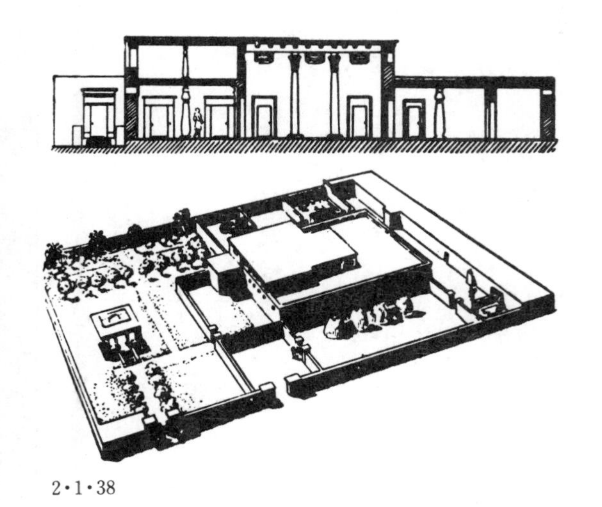

2·1·38

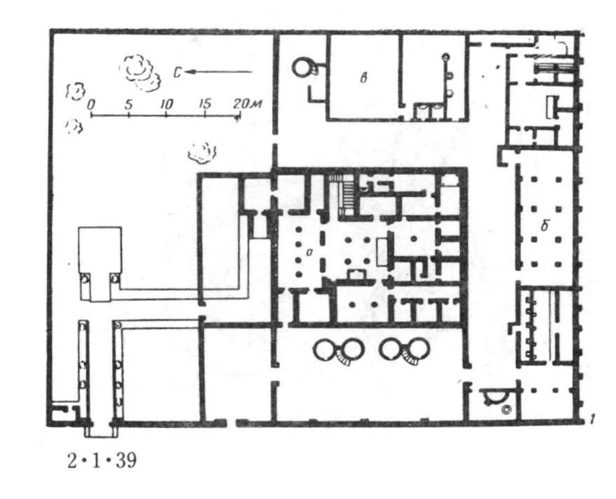

2·1·39

2·1·40

2·1·41

2·1·38—39

阿克塔顿城的富人住宅(Akhetaton, 或称 **Tel-el-Amarna,** 位于底比斯北 300 公里,十八王朝时一城市) 建于公元前 15 世纪的富人住宅的典型实例。住宅布局可分三部分:中央(图 2·1·39)是主人居室;东部与南部的侧屋是家奴住房和谷仓、畜棚、浴厕、厨房等(图 2·1·38);北面有高围墙的院子,内种果树、蔬菜等。住宅为木梁柱、灰泥粉刷砖墙,墙面多有壁画。平屋顶,上常设楼层。

2·1·40

卡宏城(Kahun, 在尼罗河三角洲南面,建于第十二王朝,约公元前 1900 年) 为建造依拉汗金字塔而形成的城市。长 380 米,宽 260 米,内有笔直的互相垂直的街道。全城内外有砖砌城墙数道,设防严密。城中用厚墙划分为东西两区:西区奴隶居住区,拥挤简陋;东区大道以北是王宫贵族邸宅,宽敞豪华;大道以南是商人、手工业者、小官吏等城市中产阶层的住宅。二区分隔明确,对比鲜明,反映了奴隶制社会阶级分化的景况。

2·1·41

奴隶泥屋 由一杂院与居室组成,简陋拥挤。当时奴隶大多没有固定的栖所。

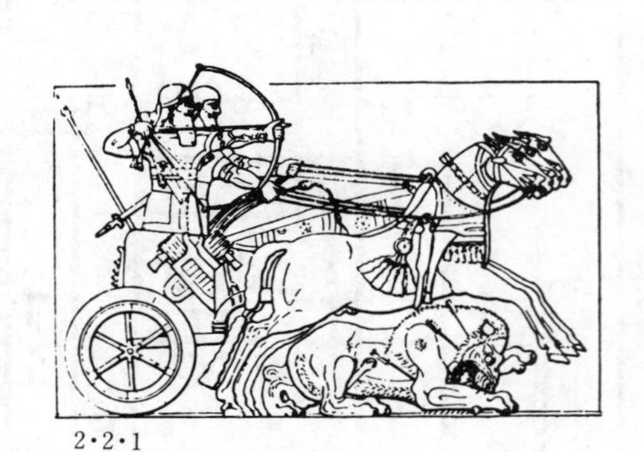

2·2·1

2·2 古代西亚洲的建筑
(约公元前3500年—后7世纪)

古代西亚洲建筑包括公元前3500—前539年**两河流域的建筑**(图2·2·3—16,2·2·20—25),公元前550年—后637年的**波斯建筑**(图2·2·26—35)和公元前1100—前500年**叙利亚地区的建筑**(图2·2·18—19)。

公元前4000年,苏马连人最早在两河流域(又称美索不达米亚**Mesopotamia**,即幼发拉底河与底格里斯河流域)下游建起许多奴隶制国家,并建设了以宫殿、观象台、庙宇为中心的城市。历史上称之为**苏马连文化(Sumerian)**。公元前1758年汉谟拉比统一两河流域,建立了**巴比仑王国(Babylonian)**,国都巴比仑城是当时的商业与文化中心,其建筑今已无存。公元前900年左右,上游的亚述王国建立了版图包括两河流域、叙利亚和埃及的军事专制的**亚述帝国(Assyrian)**,并开始兴建规模宏大的城市与宫殿。公元前625年,迦勒底人征服亚述,建立**新巴比仑王国(New Babylonian)**。巴比仑城重新繁荣,成为东方的贸易与文化中心,到公元前539年被波斯帝国所灭。

2·2·2

2·2·2 古代西亚洲地图

耶路撒冷(巴勒)**Jerusalem**　尼尼微(伊拉)**Nineveh**　巴比仑(伊拉)**Babylon**
阿米特(叙)**Amirth**　亚述城(伊拉)**Ashur**　乌尔(伊拉)**Ur**
赫沙巴德(伊拉)**Khorsabad**　泰西封(伊拉)**Ctesiphon**　波斯波利斯(伊朗)**Persepolis**

古波斯是伊朗高原的一部分。波斯人自公元前550年起成为横跨欧、亚、非三洲的**波斯帝国**(**Persian**)。约于公元前500年它在新都波斯波利斯建的王宫和公元后3—7世纪**萨桑王朝**(**Sassanian**)建的王宫规模均很大。

叙利亚地区主要有腓尼基人和希伯来人。**腓尼基人**(**Phoenician**)的建筑留存至今的只有一些规模不大的纪念性建筑。据说**希伯来人**(**Hebrew**)的建筑在公元前1000年左右所罗门王时期是非常雄伟的。

2·2·3

古西亚的建筑成就在于创造了以土作为基本原料的结构体系和装饰方法。两河流域无石又缺木，它从夯土墙开始以至土坯砖(又称日晒砖)和烧砖，并用沥青作为粘结材料，发展了券、拱和穹窿结构。随后又创造了可用来保护与装饰墙面的面砖与彩色琉璃砖。这些使材料、结构、构造与建筑造型艺术有机结合的成就，不仅影响东方并西传到小亚细亚、欧洲与北非。对后来的拜占廷建筑与伊斯兰建筑影响很大。

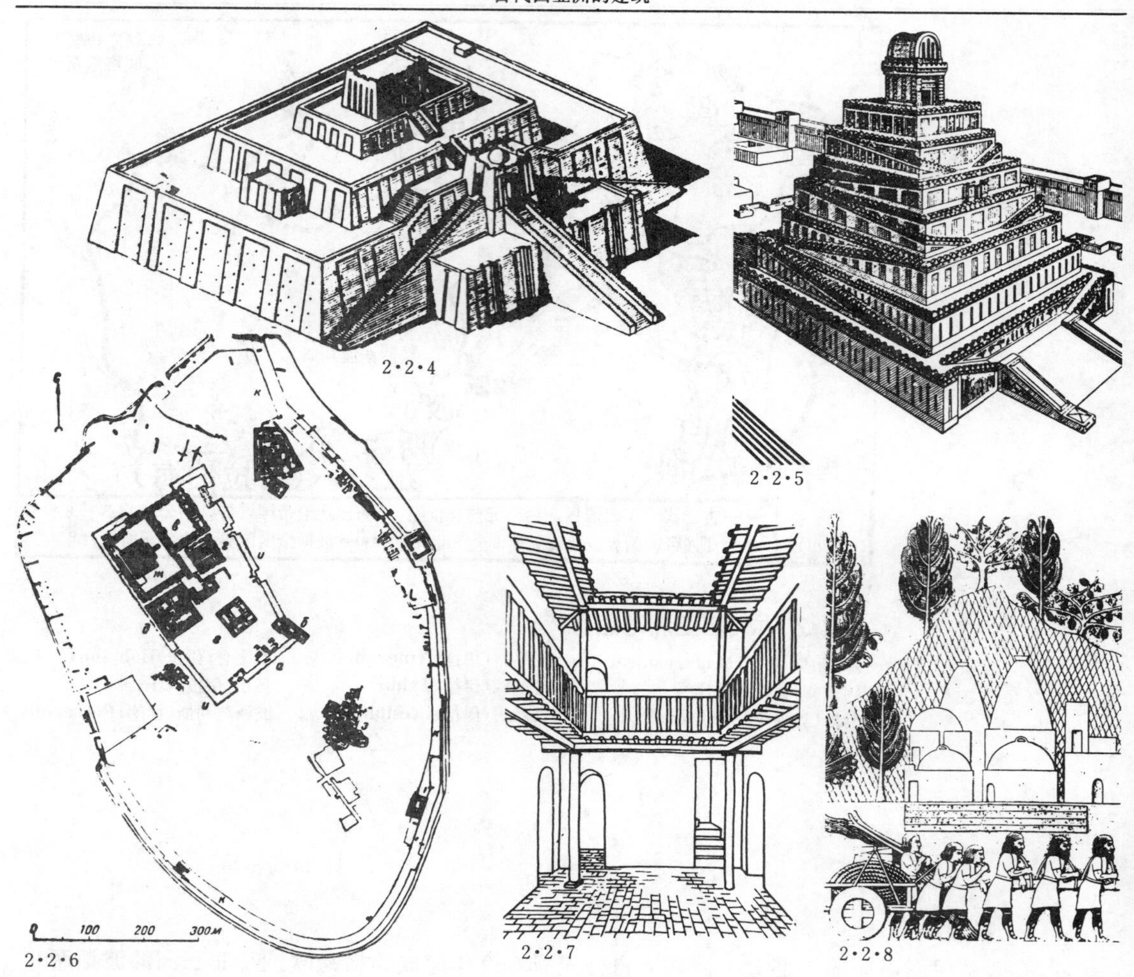

2·2·4

乌尔　观象台(约公元前2125年)　**观象台**(**Ziggurat**)又称山岳台,是古代西亚人崇拜山岳,崇拜天体,观测星象的塔式建筑物。常建于一大平台上,外形呈阶梯形,四角正对方位,内为实心土坯,高有达数十米者。顶上有庙或祭坛,由单坡道或双坡道通达。坡道或与台侧垂直,或绕台侧盘旋而上。乌尔观象台建于苏马连文化时期,底边62×43米,高度约21米,土坯墙外贴有一层烧砖面饰。

2·2·5

新巴比仑王国时期迦勒底人(**Chaldean**)的**双坡道观象台**。

2·2·6

乌尔城(**Ur**,公元前3000—前600年)　两河流域最早的城市之一。平面呈不规则形,西北高地上有宫殿、观象台、庙宇组成的建筑群,周围环有厚墙,墙外为居民区。宫殿由几个相邻的内院组成,布局较乱,由于材料与技术限制,房间多为狭长形。

2·2·7

乌尔城住宅复原图　古代两河流域为了避免沼泽的瘴气侵袭和防洪,住宅大多建在土台上。一般为封闭内院式,墙很厚,用土坯或芦苇粘土筑成,较大的住宅还有楼层。

2·2·8

古代两河流域的民居　亚述时期尼尼微城的石板浮雕。主要为在立方体上覆以穹窿,穹窿形式多样,中有采光口。在此可见后来拜占廷建筑与伊斯兰建筑在这方面的渊源。

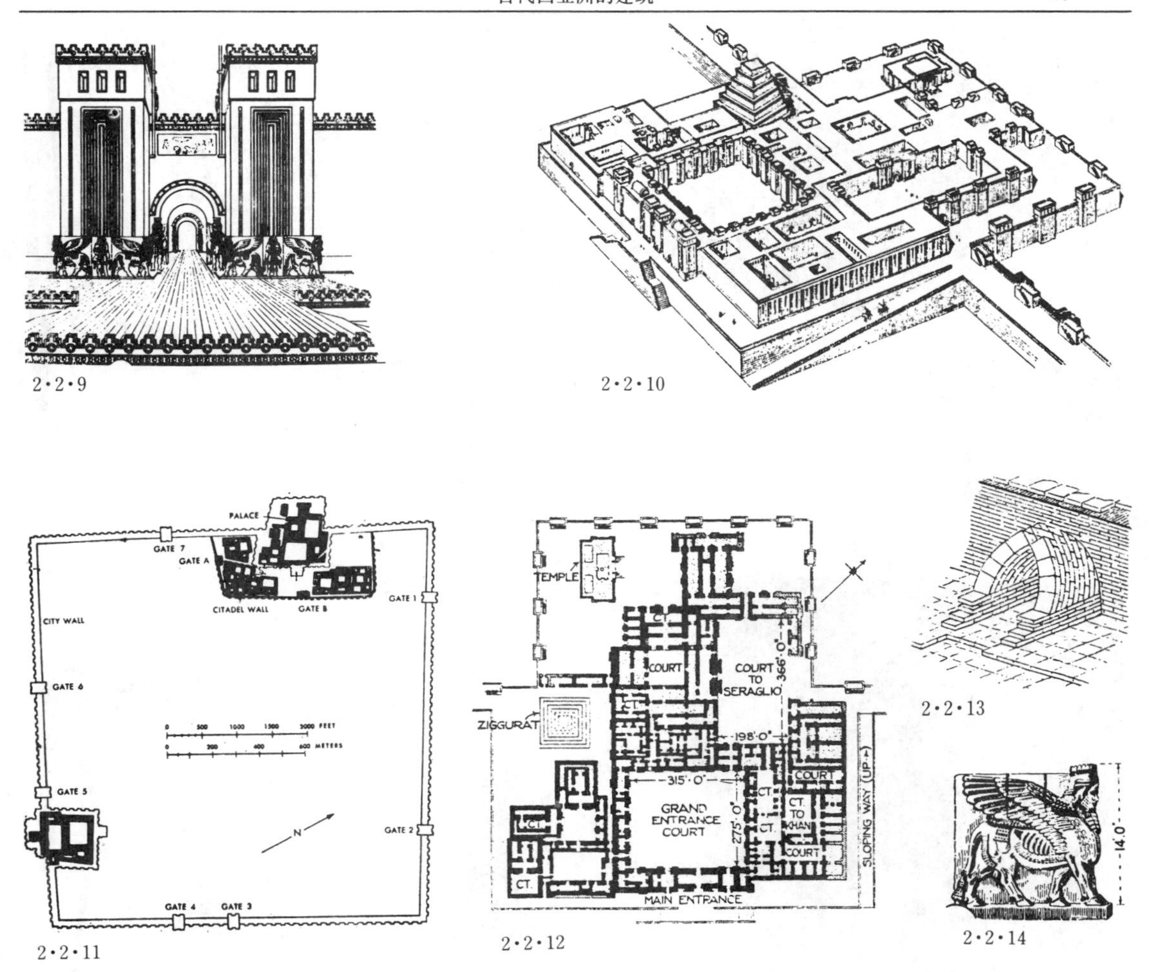

2·2·9　2·2·10　2·2·11　2·2·12　2·2·13　2·2·14

2·2·9—14

赫沙巴德　萨尔贡王宫(Palace of Sargon, Chorsabad, 公元前722—前705年)
亚述皇帝萨尔贡二世的宫殿,建于两河流域上游都尔·沙鲁金城(**Dur sharrukin,** 今赫沙巴德)西北面。城市平面(图2·2·11)为方形,每边长约2公里。城墙厚约50米,高约20米,上有可供四马战车奔驰的大坡道,还有调堡和各种防御性门楼。宫殿与观象台同建在一高18米,边长300米的方形土台上(图2·2·10)。从地面通过宽阔的坡道和台阶可达宫门(图2·2·9)。宫殿由30多个内院组成,功能分区明确(图2·2·12),有房间200余。平台的下面砌有拱券沟渠(图2·2·13)。王宫正面的一对塔楼突出了中央的券形入口(图2·2·9)。宫墙满贴彩色琉璃面砖,上部有雉堞,下部有高3米余的石板贴面。其上雕刻着从正、侧面看起来均形象完整,具有五条腿的**人首翼牛像**。大门处的一对高约3.8米(图2·2·14),它们象征智慧和力量,守护着宫殿。

2·2·14

萨尔贡王宫宫殿裙墙转角处的一种建筑装饰——**人首翼牛像(Winged bull)**。为了使雕像的形象从正面与侧面看时均能完整,常雕有五条腿,又称五腿兽。

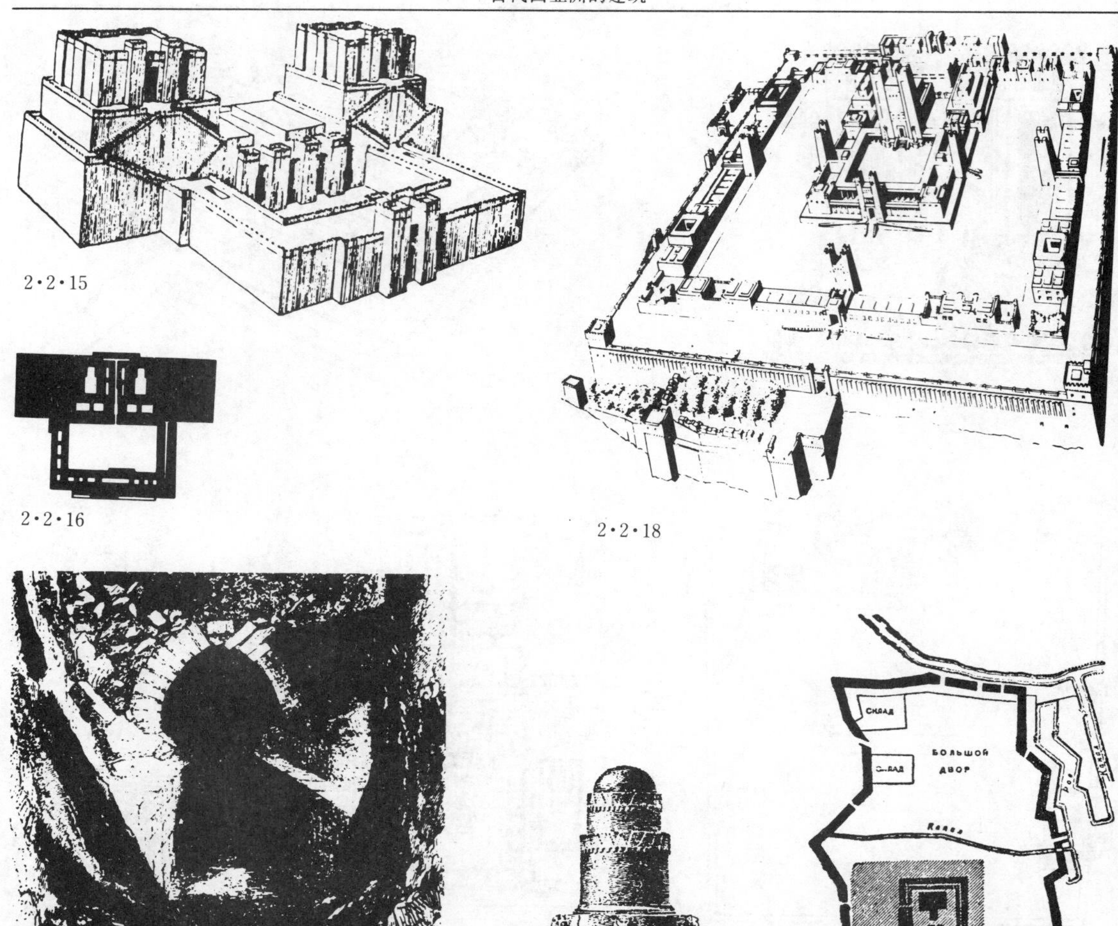

2·2·15

2·2·16

2·2·18

2·2·17

2·2·19

2·2·20

2·2·15—16

亚述　阿奴·阿达德庙(Anu-Aded, 天神与光明神,公元前8世纪)　由一对形体相同的观象台组成,当中为庙宇。

2·2·17

亚述帝国在尼姆朗城(**Nimroud**)王宫下面的拱券沟渠,约公元前7世纪。

2·2·18

耶路撒冷　所罗门庙(Temple of Solomon, 公元前10世纪)　传说是所罗门王为上帝耶和华兴建的一座庙宇,后毁于战争。此图为今人根据文字记载的臆想图。其布局反映出曾受埃及建筑影响:中轴线上有三个连续的内院,愈向内进空间愈狭小封闭,各入口上有高耸的门塔。另有奉献台和一对铜柱。庙宇建在一高台上,严谨雄伟,装饰细部上显示着亚述建筑特点。它的南面为所罗门宫殿。

2·2·19

叙利亚　阿米特墓(Tomb of Amirth, 公元前半世纪)　腓尼基人留传至今的纪念性建筑,为一塔状圆顶墓,其造型显然受亚述与埃及的影响。

2·2·20

尼普尔城(Nippur)　古巴比仑时期的城市(公元前1894—前1595)。北部为宫殿,南部为神庙。

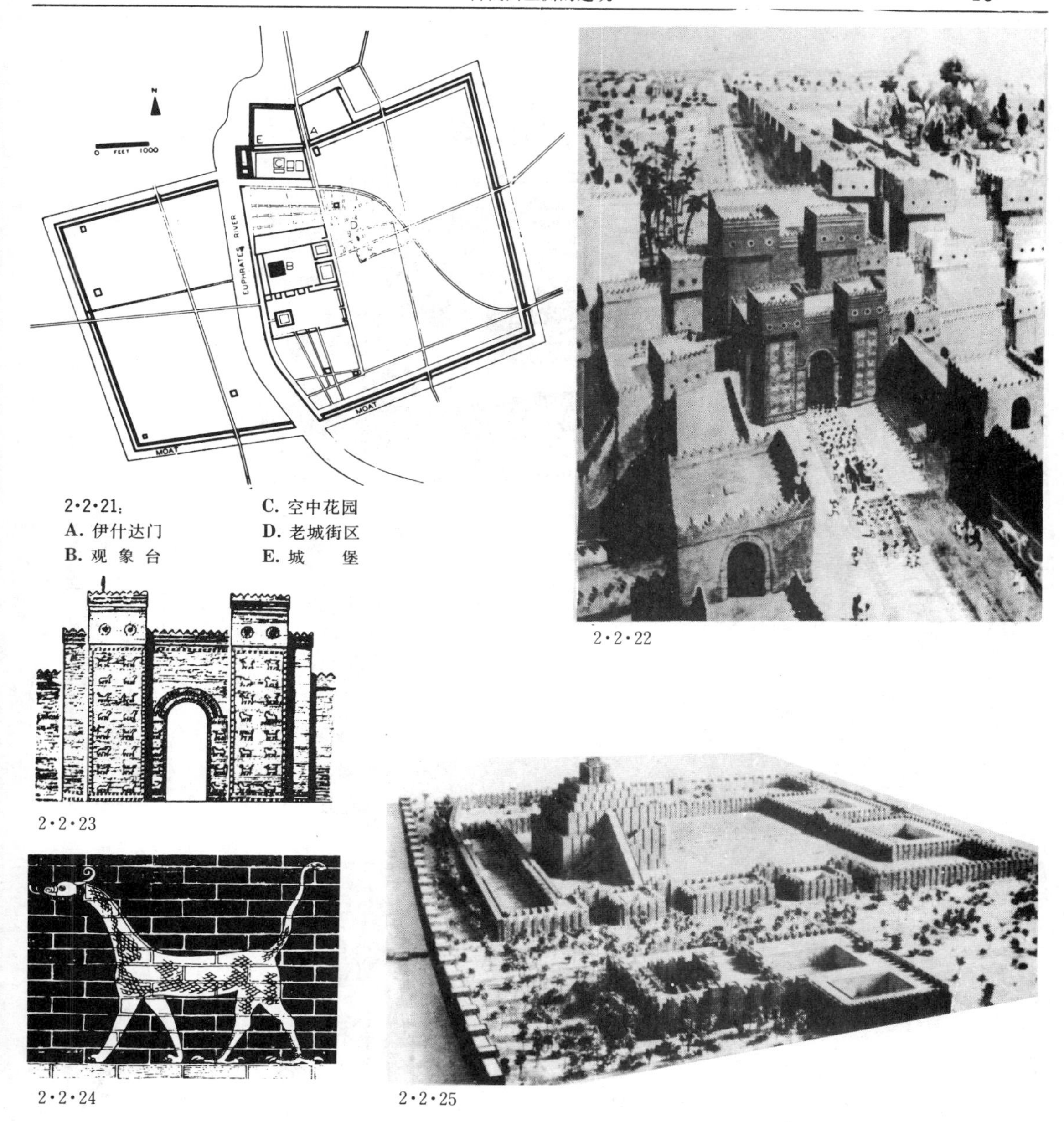

2·2·21：
A. 伊什达门
B. 观象台
C. 空中花园
D. 老城街区
E. 城　堡

2·2·22

2·2·23

2·2·24

2·2·25

2·2·21—25

新巴比仑城(New Babylon, 公元前 7—前 6 世纪)　新巴比仑王国首都。由原巴比仑城扩建而成。据文字记载，该城横跨幼发拉底河两岸，平面近似方形，边长约 1300 米。城内道路相互垂直，城外有护城濠，城墙上有 250 个塔楼，100 道铜门。南北向的中央干道(图 2·2·21, 22)串连着宫殿、庙宇、城门和郊外园地。大道中段西侧为七层高的观象台(或称**巴比仑塔**)和**马都克神庙**(图 2·2·25)；北端西侧是宫殿建筑群。**伊什达门(lshtar)**是城的正门(图 2·2·22, 23)，上有用彩色琉璃砖砌成的动物形象(图 2·2·24)，并有华丽的边饰。城门西侧是有名的**空中花园**，约 275×183 米。

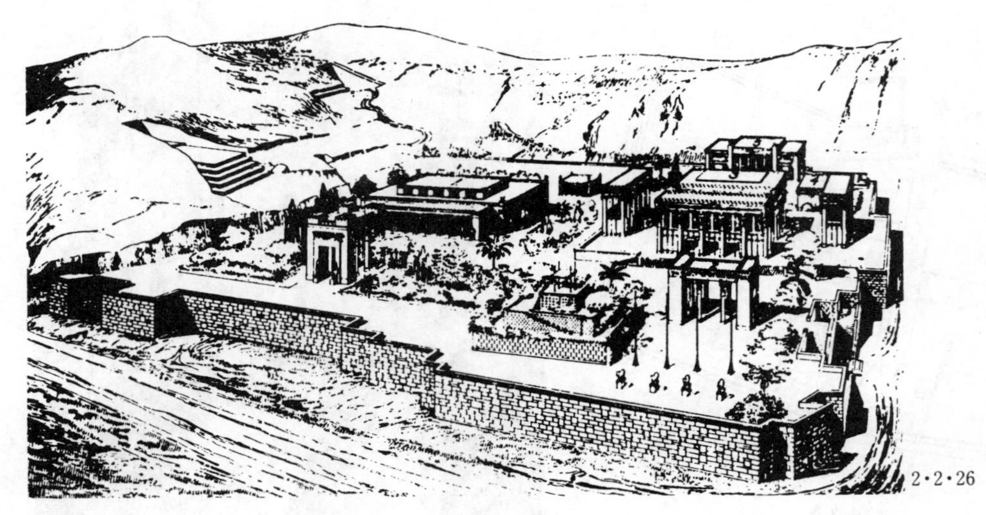

2·2·26

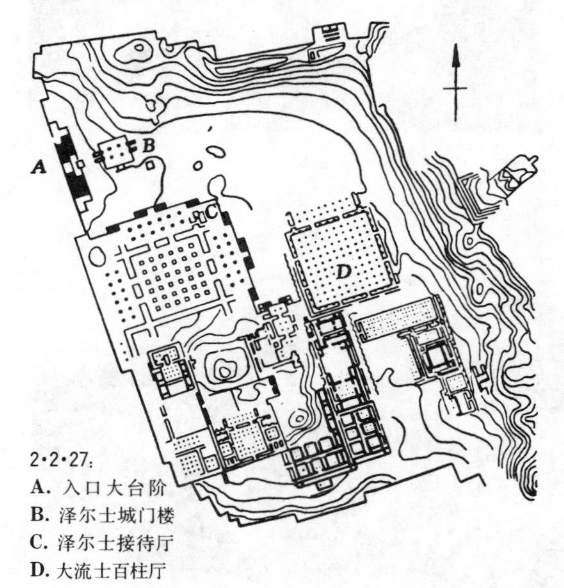

2·2·27:
A. 入口大台阶
B. 泽尔士城门楼
C. 泽尔士接待厅
D. 大流士百柱厅

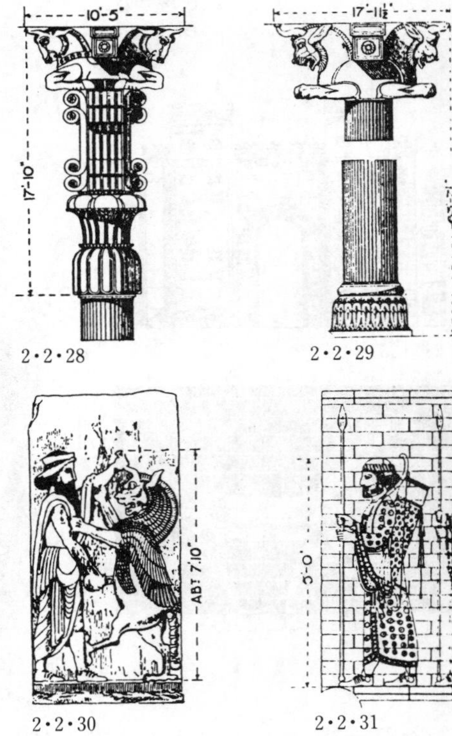

2·2·28

2·2·29

2·2·30

2·2·31

2·2·26—32

波斯波利斯宫(Palaces of Persepolis, 公元前 518—前 460 年) 波斯王大流士(**Darius**)和泽尔士(**Xerxes**)在波斯波利斯的宫殿。建筑群倚山建于一高 15 米、面积 460×275 米的大平台上(图 2·2·26)。入口处是一壮观的石砌大台阶,宽 6.7 米(图 2·2·27, 32),台阶两侧刻有朝贡行列的浮雕(图 2·2·31),前有门楼。中央为接待厅和百柱厅,东南面为宫殿和内宫,周围是绿化和凉亭等。布局整齐但无轴线关系。伊朗高原盛产硬质彩色石灰岩,气候干燥炎热,故宫中建筑多为石梁柱结构,外有敞廊。**百柱厅**平面为 68.6 米见方,内有柱子 100 根,柱高 11.3 米。**接待厅**平面为 62.5 米见方,内有柱子 36 根,高 18.6 米,直径约为柱高的 1/12。

2·2·28, 29

城门楼柱子上的柱头形式。

2·2·32

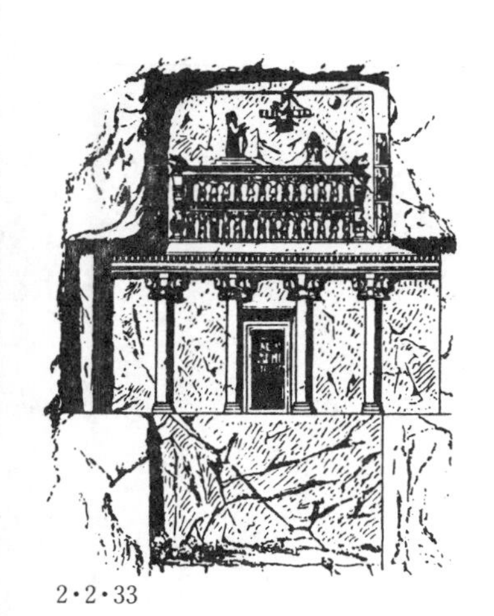

2·2·33

2·2·35

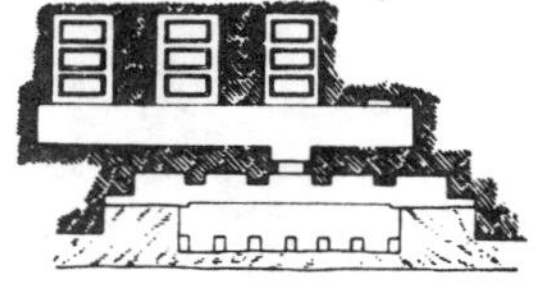

2·2·34

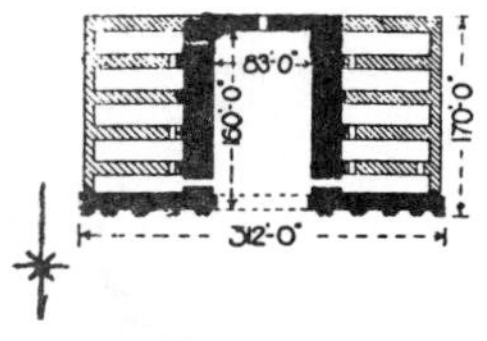

2·2·36

2·2·33—34

大流士石窟墓(Tomb of Darius, 公元前485年) 建于波斯波利斯以北12公里的山岩峭壁中。其正面呈十字形,宽约13.3米,刻有大流士宫立面缩影。中部四根兽头式柱子,门楣为埃及式,上面为一用人象支承的国王宝座。它是当地几座与此相仿的波斯王墓之一。

2·2·35—36

泰西封宫(Palace at Ctesiphon, 公元后4世纪) 波斯帝国后期萨桑王朝的宫殿。它是亚述和拜占廷建筑的结合。宫殿为彩色砖砌成,今仅存中央大拱厅残迹(图2·2·35)。拱顶呈椭圆形,跨度25.3米,顶高36.7米。承受拱顶横推力的墙厚达7.3米,拱厅两翼墙高34.4米。其立面用层叠壁柱与盲券作装饰,此手法可能来自拜占廷,这种当中是拱门两旁是墙的形式影响了伊斯兰建筑。

2·3·1

2·3 古代印度的建筑

（公元前3000年—后7世纪）

古代印度建筑的历史大致分为四个阶段：公元前3000—前2000年的印度河文化时期；公元前2000—前500年的吠陀文化时期；公元前324—前187年的孔雀帝国文化时期和公元后320—467年的笈多帝国文化以及笈多帝国崩溃后的二三百年的时期。

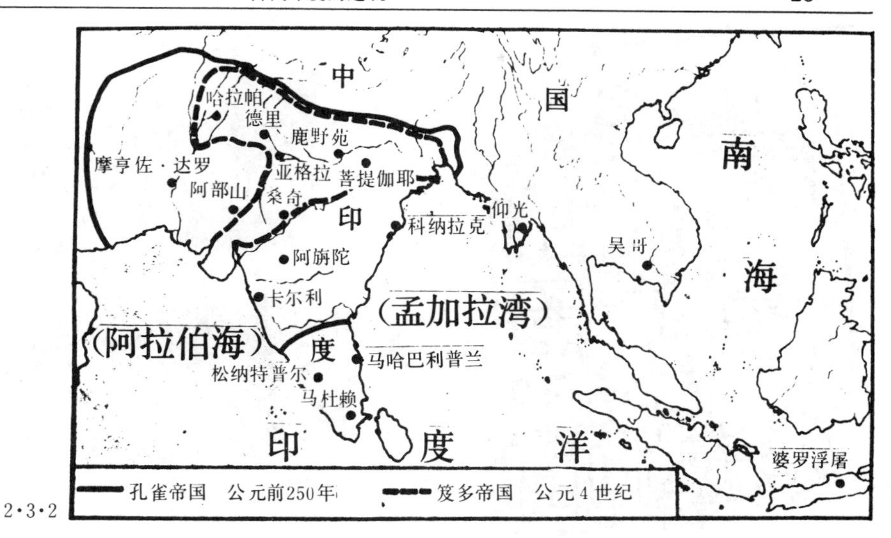

2·3·2

古代与中世纪印度地图

摩亨佐·达罗(巴)**Mohenjadaro**
卡尔利(印)**Karli**
亚格拉(印)**Agra**
桑奇(印)**Sanchi**
阿旃陀(印)**Ajunta**
松纳特普尔(印)**Somnathpur**
马杜赖(印)**Madurai**
菩提伽耶(印)**Buddgaya**
科纳拉克(印)**Konarak**
吴哥(印)**Angkor**
婆罗浮屠(印尼)**Borobudur**

2·3·3
鹿野苑　狮子柱柱头(Capital of a "Stambha", Sarnath 前3世纪) 孔雀帝国阿育王时期作为**佛教**标志的独立石柱之一的柱头。上刻有覆莲、轮回、狮子、马、牡牛、象等佛教常用的形象。顶上四头狮子精神饱满，手法洗练。

对于**印度河文化**，人们是在发掘了今巴基斯坦境内的摩亨佐·达罗(图2·3·4—5)和哈拉帕两个古城后才获悉的。

吠陀文化是雅利安人入主印度后的文化，它以婆罗门教(印度教的前身)的《吠陀经》(**Veda**)而得名。当时的建筑多为泥墙草顶的木结构，今已无存。

孔雀帝国(**Maurya**)与**笈多帝国**(**Gupta**)是古代史中力图统一印度的两大帝国。其建筑现今可考的仅有分布于印度半岛中部与恒河流域的一些石建**庙宇**和**石窟寺**。其中从孔雀帝国到笈多帝国的五、六百年中以**佛寺**为主；自笈多帝国及帝国崩溃以后的二三百年中，则**佛寺**、**婆罗门寺**与**耆那教寺**均有。这三种宗教当时曾并行于印度。佛教在孔雀帝国阿育王时期曾东传到锡兰、东南亚国家、中国与日本，对它们的建筑产生很大影响。

古代印度的建筑遗产由于主要是宗教性的，在12世纪与14世纪穆斯林(伊斯兰教徒的自称)统治印度期间受到很大破坏。

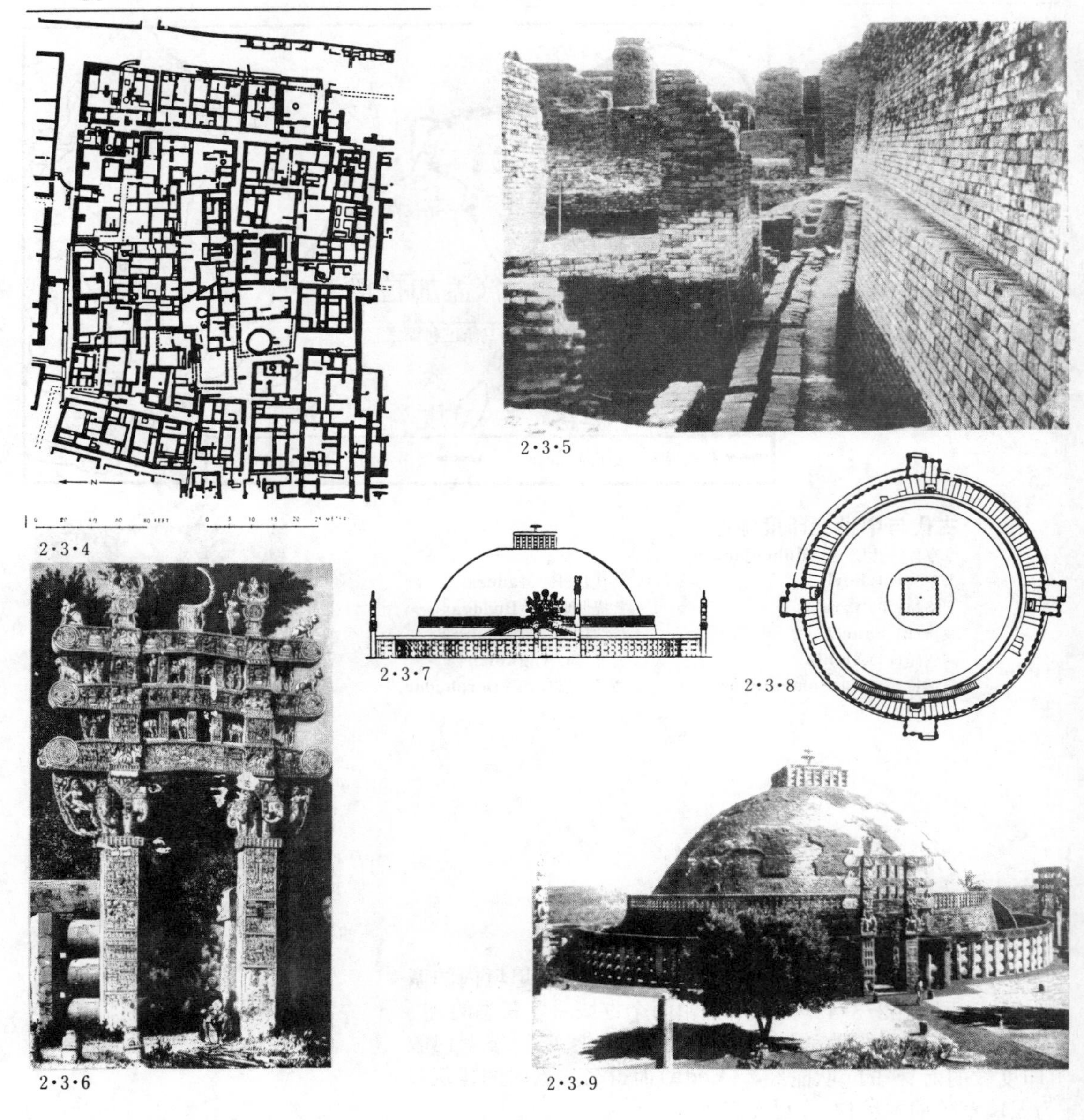

2·3·4—5

摩亨佐·达罗城(**Mohenjadaro**,公元前3000—前2000年) 现今已知最早的城市建设,在今巴基斯坦信德省境内。面积7.77平方公里,内有民居、官殿、庙宇、主次分明的方格形道路网和完整的上下水道。主要街道的走向同主要风向一致,是南北向的,宽约10米,由东西向的次要街道连接起来。每个街区约336×275米。

2·3·6—9

桑奇 1号窣堵坡(**Great Stupa, Sanchi**,公元前2世纪) 由原建于阿育王时期的一座**砖砌窣堵坡**(**Stupa**,埋葬佛骨的地方)扩建而成。高12.8米,立在高4.3米的基座上(图2·3·7),上有石板贴面。基座直径36.5米,外有一圈高3.3米栏杆形的石墙。四面各有一座石门,高约10米,面朝正方位。图2·3·6是北门(公元前1世纪)。石墙与门的形式反映了木结构的传统。

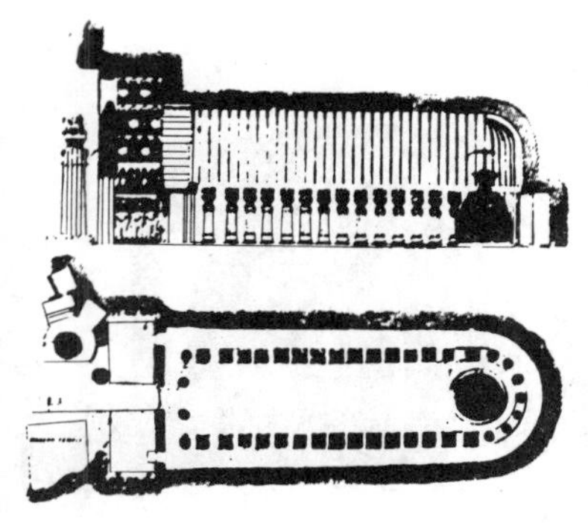

2·3·10

2·3·11

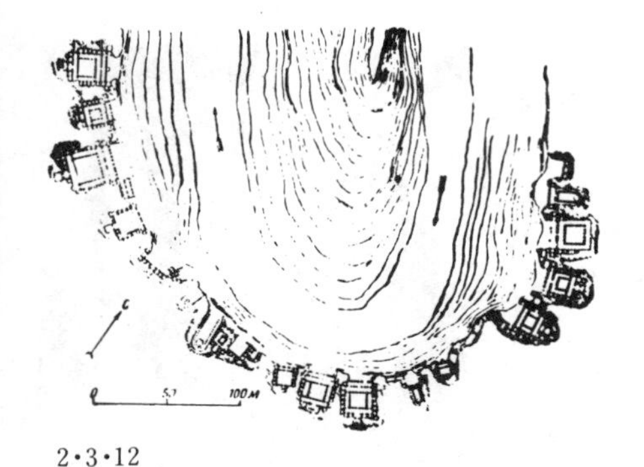

2·3·12

2·3·13

2·3·10—11

卡尔利　支提窟(Chaitya, Karli, 公元前 78 年)　印度现存**支提(Chaitya** 举行**佛教**仪式的石窟寺)中之最大者。窟内进深约 38.5 米,宽约 13.7 米,里端有一座**窣堵坡**。沿着石窟两侧岩壁各有一排粗壮的石柱。按佛教参拜仪式中有绕佛(围着佛时钟向地行走以示敬意)的礼节。石柱排列连续不断,一直兜到窣堵坡的后面。柱头雕刻细致,形式独特。窟顶呈拱形,并有仿木结构的椽子。

2·3·12—14

阿旃陀石窟(Chaitya, Ajunta, 公元前 2 世纪—公元后 7 世纪)　由支提与精舍组成的**佛教石窟群**。**精舍(Vihara,** 图 2·3·12 中平面呈方形者)是供僧侣修行用的禅室,内常有水池,壁上环有若干小窟。图 2·3·13 是 19 号窟(支提)的外观,其柱子与墙面布满雕刻。图 2·3·14 是建于公元前 250 年的一个支提的内观。

2·3·14

2·3·15

2·3·17

2·3·16

2·3·18

2·3·15

马哈巴利普兰 岩凿寺(Rock hewn Temple, Mahabali-puram, 5世纪下半叶) 为一婆罗门寺,是印度南方达罗毗荼人从整块天然岩石中凿成的。平面呈长方形,约12×12米,中凿空为佛殿。屋顶很高,呈方锥形,布满雕刻,题材为一座座早期茅蓬顶庙宇的缩影。

2·3·16

印度南方早期的**茅蓬顶庙宇**。其形式来自当时的民居

2·3·17

桑奇 17号寺(5世纪初) 印度早期石砌佛寺之一。形体简洁,内有佛殿,门廊有柱四根,中间两根间距较大,其形式表现了西方文化的影响。

2·3·18

菩提伽耶寺(Buddgaya, 原建于4世纪,现存者重建于19世纪,) 建于相传释迦牟尼"悟道"处的一座金刚宝座式寺院。建在一大基座上。塔身呈方锥形,下大上小。中央大塔高约50米,东西边长约27米,南北约23米。

2·4·1

2·4 古代爱琴海地区的建筑

（公元前3000年—前1400年）

古代爱琴海地区以爱琴海为中心，包括希腊半岛、爱琴海中各岛屿和小亚细亚西海岸的地区（图2·4·2）。

公元前2000年左右，爱琴海上的克里特岛、希腊半岛上的迈西尼和小亚细亚的特洛伊建立了早期的奴隶制王国。由于手工业和海上贸易的发达，以及克里特岛同隔海的古埃及

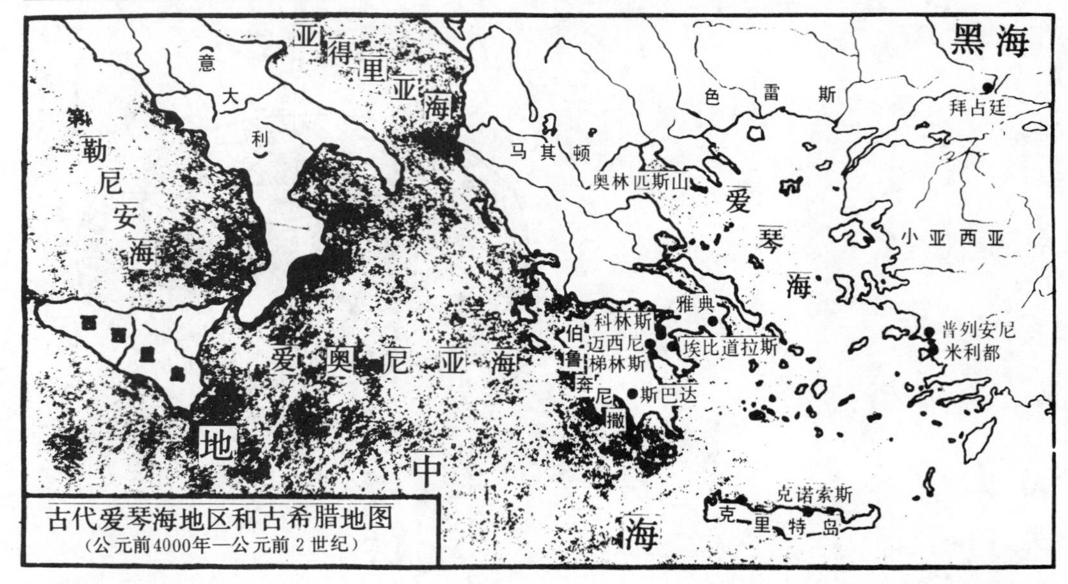

2·4·2

古代爱琴海地区地图

奥林匹斯山(希)**Mont Olympus**	
斯　巴　达(希)**Sparta**	雅　　典(希)**Athens**
迈　西　尼(希)**Mycenae**	克诺索斯(希)**Knossos**
梯　林　斯(希)**Tiryns**	拜　占　廷(土)**Byzantium**
科　林　斯(希)**Corinth**	普列安尼(土)**Priene**
埃比道拉斯(希)**Epidauros**	米　利　都(土)**Miletus**

在文化上的交流，先后出现了以克里特和迈西尼为中心的古代爱琴文明，史称**克里特-迈西尼文化**。它是古希腊以前的文化，曾繁荣了好几百年。公元前15世纪左右，由于外族入侵，克里特-迈西尼文化受到破坏和湮没。它和后来的古希腊文化除了口头上的传说之外，并没有什么直接的影响。对于它的存在，人们是通过19世纪末的考古发掘才知道的。

从克里特-迈西尼发掘出来的遗址中有城市、宫殿、住宅、陵墓和城堡等。其中如克诺索斯的米诺斯王宫(图2·4·3—9)和迈西尼城的狮子门(图2·4·10—11)是甚为杰出的实例。它们的石砌技术、上大下小的柱式以及壁画、金属构件、制陶等均表现出高度的工艺水平。

2·4·3

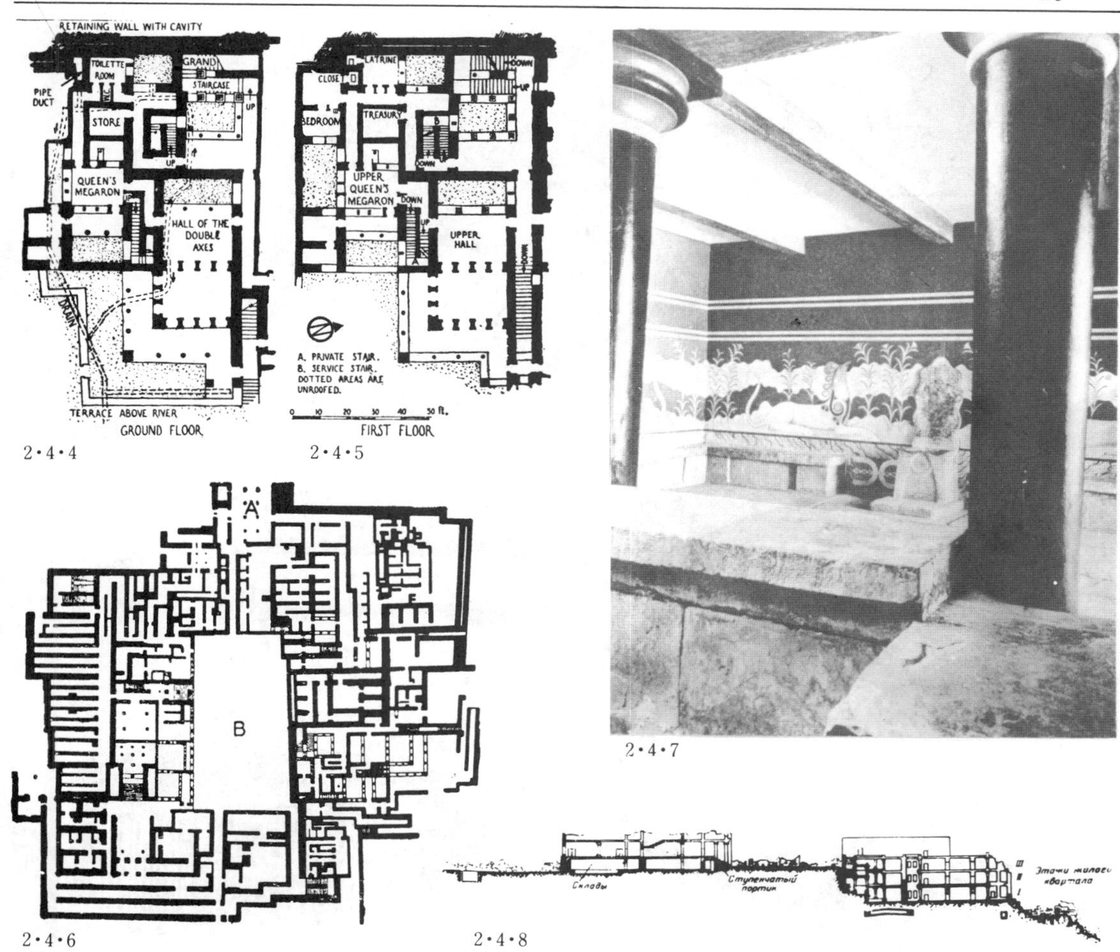

2·4·4 2·4·5 2·4·7 2·4·6 2·4·8

2·4·3—2·4·9

克诺索斯 米诺斯王宫(Palace of Minos, Knossos, 始建于约公元前1600—前1500年) 克里特岛上的克诺索斯国王王宫,依山而建,规模很大。中央是一东西27.4米、南北51.8米的长方形院子(图2·4·6 **B**),周围分布着各种房间。院子东南侧是国王起居部分(图2·4·4—5),有正殿(也叫"双斧殿",双斧是米诺斯王的象征)、王后寝室、卧室、浴室、库房与大小天井等;西面有一列狭长的仓库;北面有露天剧场(图2·4·6 **A**);东南角有阶梯,直抵山下。王宫内部空间高低错落(图2·4·8),楼梯走道曲折离奇(图2·4·3)。克里特岛气候温和,故宫内厅堂柱廊布局开敞(图2·4·7,2·4·9)。柱子上粗下细,比例匀称,挺拔俊秀。壁画风格写实,色彩丰富。墙脚用大石块砌筑。该宫在约公元前1400年一次突遭袭击中被破坏后随即湮没,直到19世纪末才被发掘。

2·4·9

2·4·3 米诺斯王宫一角
2·4·4 国王居室地面层平面
2·4·5 国王居室二层平面
2·4·6 王宫平面: **A.** 露天剧场 **B.** 内院
2·4·7 厅堂 2·4·8 剖面
2·4·9 王后寝室(是一**Megaron**)

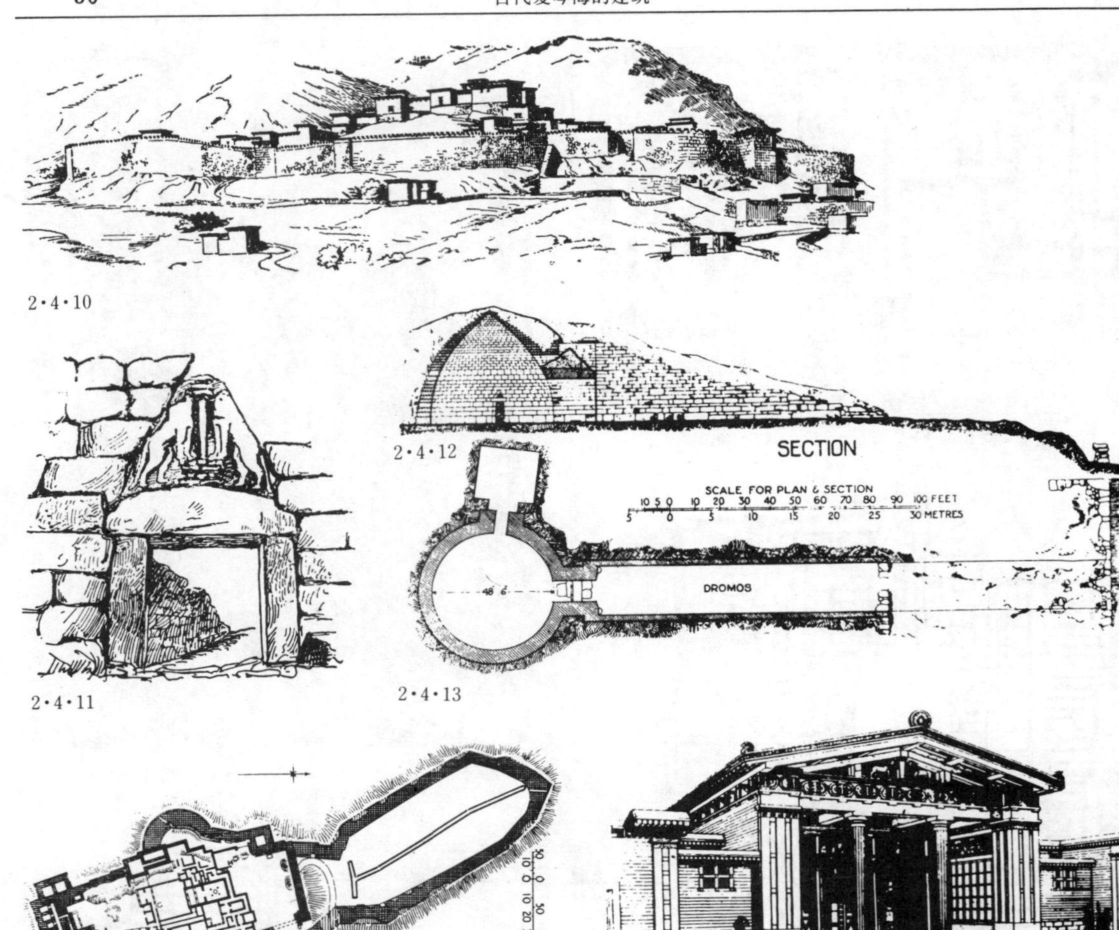

2·4·10

2·4·11

2·4·12

2·4·13

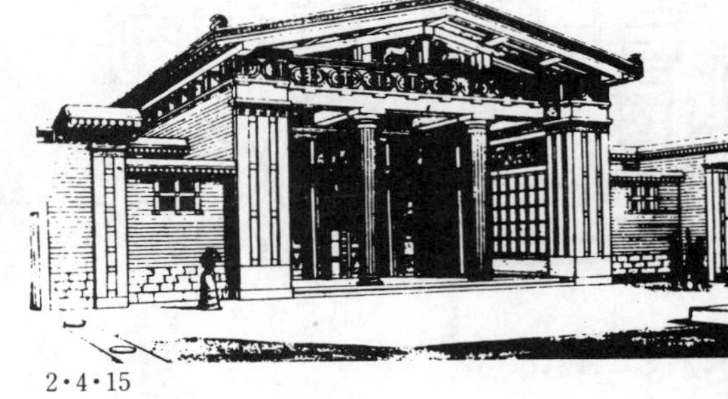

2·4·15

2·4·14 1. 卫城入口；2. 宫殿入口；3. 柱廊内院；4. 大美加仑室；5. 小美加仑室。

2·4·10—11

迈西尼城的狮子门(Lion Gate, Mycenae, 约公元前1250年) 迈西尼卫城(图2·4·10,)的主要入口。门两侧城墙突出，形成一狭长的过道，加强了防御性。门宽3.2公尺(图2·4·11)，上有一长4.9米、厚2.4米、中高1.06米的石梁，梁上是一三角形的叠涩券，券的空洞处镶一块三角形的石板，上面刻着一对雄狮护柱的浮雕。这种门的形式在迈西尼相当普遍。附近围墙都用大石块砌成，大的石块重达5—6吨。

2·4·12—13

迈西尼 阿脱雷斯宝库(Treasury of Atreus, 约建于公元前1325年) 据说是迈西尼国王阿伽门农(**Agamemnon**)之墓。墓前长通道内有两个墓室。大墓室平面圆形，直径14.6米，上有**叠涩穹窿**，高13.4米。

2·4·14—15

梯林斯卫城(Tiryns, 约公元前1300年) 位于一山岗顶上，用大石块砌成，厚约7.3米。其南部是一宫殿建筑群，从城外到宫殿只有一条崎岖小道。宫前是一个三面围有柱廊的内院，中间是正厅(即**美加仑室, Megaron**, 图2·4·15)，宽约9.7米，厅前有双柱敞廊，厅内有柱4根，中央是祈神用的炉子。

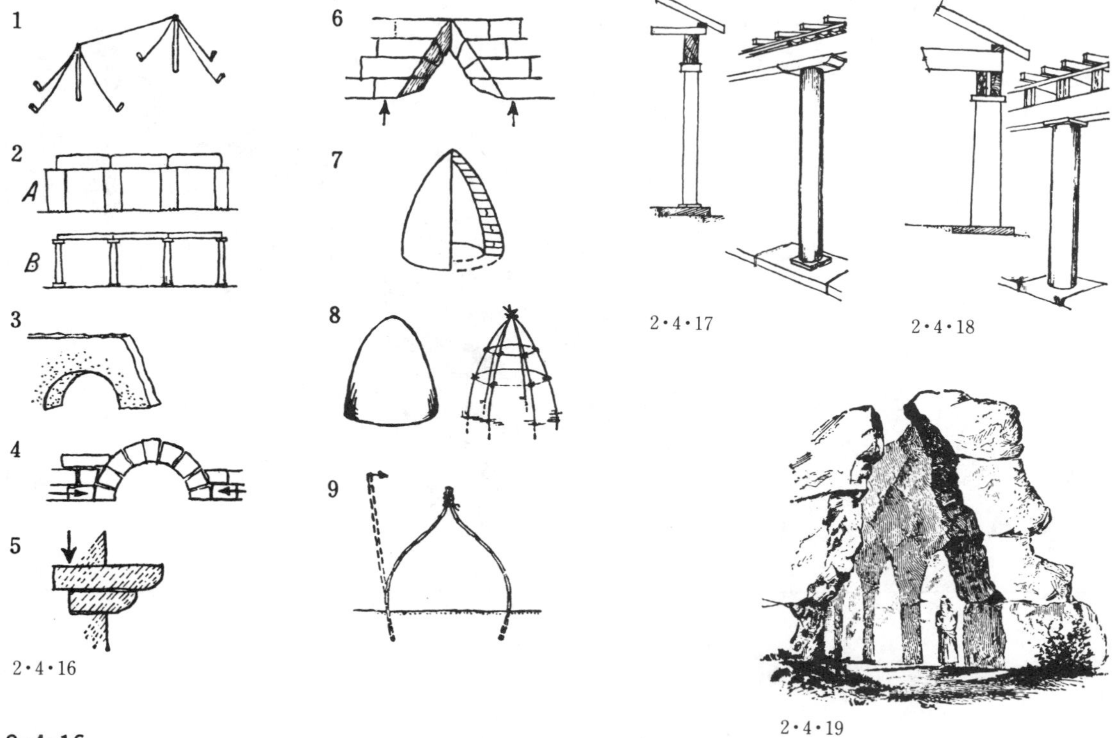

2·4·16

2·4·17

2·4·18

2·4·19

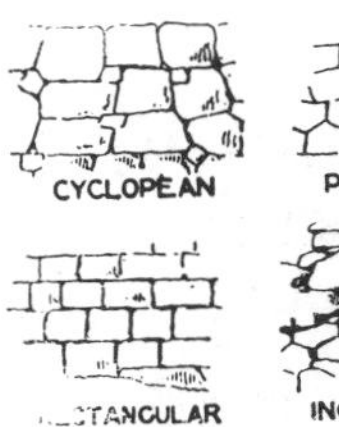

2·4·20

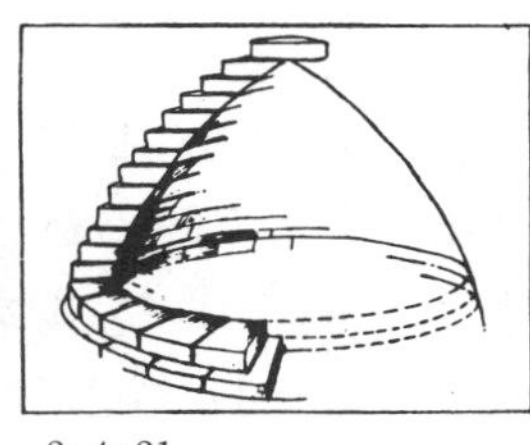

2·4·21

2·4·16

古代结构体系(公元前 1000 年)

1. 悬挂结构：用柱、绳索和钉(或桩)。这种结构直到后来出现钢索和钢链时才得以充分发展。

2. 梁柱结构：**A.** 石材,**B.** 木材。古埃及和古希腊建筑的基本结构形式,在此以后很少变化。直到现代,采取钢和钢筋混凝土材料后,潜力才得以发挥。预应力的应用更使其跨度大大增加。

3. 券洞：在岩石或坚实土质上挖孔洞。

4. 放射形券：由楔形石块砌成。由于克服了两侧横推力而坚固稳定。

5. 出挑：用石或木悬臂挑出,尺寸因材料性能而受限制。现代采用钢、钢筋混凝土及桁架后大大增加了其出挑的可能性。

6. 叠涩券(又称挑石券)：只有垂直支承而无横推力。后来伊斯兰建筑以此同放射形券结合,形成尖券。

7. 叠涩穹窿：主要发源于西亚洲。后来拜占廷与伊斯兰建筑用小料厚缝的方法,使穹窿形式多样化。

8. 用土或天然混凝土构成的穹窿或内部有骨架、骨架外铺草涂泥而成的穹窿,主要用于民间建筑。

9. 藤条券：产藤地区的一种结构。后来印度以砖石叠涩拱券结构仿此形式,称为弓形券。

2·4·17—18

古希腊柱式源于木结构。柱子顶部有柱顶板,用以传递荷载和保护柱子。图 2·4·18 的柱顶板呈方形,后发展成为多立安柱式；图 2·4·19 的柱顶板呈托架形(用以缩短梁的跨度),后发展成为爱奥尼柱式。

2·4·19

在希腊半岛发现的**古代的巨石建筑**。这种粗糙的、未经加工的巨石建筑不用灰泥,干砌而成,估计是最初来自亚洲的殖民者所建的。

2·4·20

古代爱琴建筑的巨石砌筑：

上：大石砌法　多边形石砌法　　下：整石砌法　倚石券

2·4·21

阿脱雷斯宝库(见图 2·4·12—13)的**叠涩穹窿结构**。

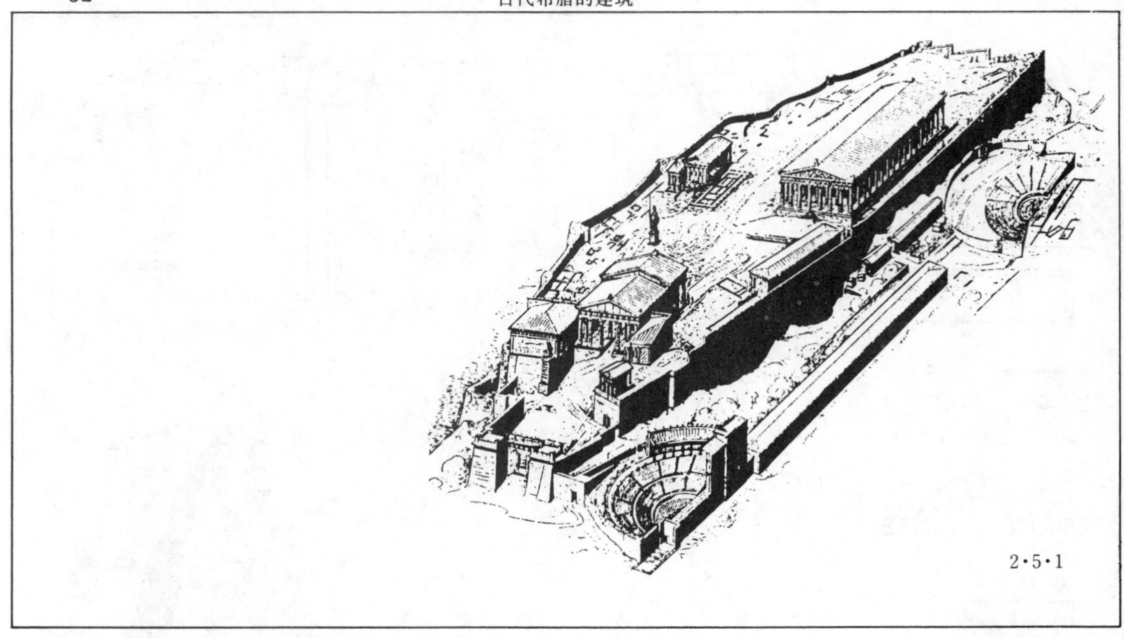
2·5·1

2·5 古代希腊的建筑

（公元前11世纪—前1世纪）

古代希腊包括巴尔干半岛南部、爱琴海上诸岛屿、小亚细亚西海岸以及东至黑海、西至西西里的广大地区。古代希腊的奴隶与自由民在此创造了光辉的文化。它和后来古罗马盛期的文化，历史上同称之为**欧洲的古典文化**。

公元前11世纪，继爱琴海文明被湮没了三、四百年后，在希腊半岛上出现了许多氏族国家。它们相互并吞，到公元前800年左右形成了卅余个城邦式的奴隶制王国。其中最繁荣的有雅典(**Athens**)、斯巴达(**Sparta**)、米利都(**Miletus**)、科林斯(**Corinth**)等(图2·4·2)。这些国家从未统一，发展也不平衡，但因手工业、航海业与海上贸易发达，各国经济文化交流频繁，且曾受古埃及与西亚文化影响，乃渐形成了自称为“希腊”(**Helles**)的统一的民族与民族文化。

古希腊建筑可按其文化历史的发展分为四个时期。公元前11—前8世纪称为**荷马文化时期**，其建筑今已无存。公元前8—前5世纪称为**古风文化时期**。其建筑遗迹以石砌神庙为主(图2·5·3)。

公元前5世纪中叶，雅典城联合各城邦战胜了波斯的入侵，建立起雅典霸权后，社会经济文化达到了高度繁荣。从此一百余年，史称**古典文化时期**。其建筑也被称为**古典建筑**(图2·5·4—29)。雅典当时实行的是奴隶主的民主政治。希腊半岛气候温和，适宜于户外活动。建筑类型除了**神庙**外，还有大量供奴隶主与自由民进行公共活动的场所，如**露天剧场**、**竞技场**、**广场**(**Agora**)和**敞廊**(**Stoa**)等。当时的建筑风格开敞明朗，讲究艺术效果。希腊盛产色美质坚的云石，也为建筑艺术的发展提供了有利条件。

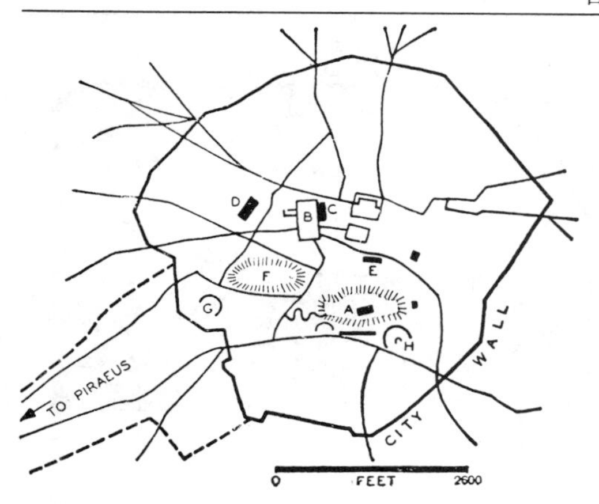

2·5·2

古代雅典城平面图：

A. 卫城　B. 阿各拉(**Agora**)
C. 敞廊(**Stoa**)　D. 薛西姆神庙(**Theseum**, 王名)
E. 公民会议厅　G. 公共集会场
F. 雅典最高法院
H. 弟奥尼苏斯剧场(**Theatre of Dionysos**)

2·5·3

公元前4世纪后期，城邦制没落，北方的马其顿(**Macedonia** 在今南斯拉夫)发展成为军事强国，统一希腊，并建立起包括埃及、小亚细亚和波斯等横跨欧、亚、非三洲的马其顿帝国(图2·5·32)。希腊的古典文化也就随着马其顿的远征而传到了北非与西亚。史称**希腊化时期**。所谓希腊化建筑(图2·5·33—43)即希腊古典建筑风格同当地传统的结合。与此同时，希腊本土的建筑则因经济衰退，其规模与创造性已大不如前(图2·5·30—31，2·5·44—46)。公元前146年希腊为古罗马所灭。

希腊古典时期的建筑，对后来的古罗马建筑与19世纪西方资产阶级的复古主义建筑思潮都有很大影响。

2·5·3

古希腊神庙　神庙是古希腊建筑中最重要的类型，也是古希腊留给后世的重要文化遗产。人们可以从希腊神庙中发掘与研究历史、考察与认识古代世界光辉灿烂的文化以及希腊人在创造这些文化中的努力与匠心。古希腊信奉的是以多神灵作为自然现象象征的**多神教**。这些神灵象人一样有尊卑、有专长、有个性、有情感。他们据说是住在北部的奥林匹斯山顶上，但由于各民族、各城市、甚至各家庭与各人均有他的守护神，故神庙普立。此外还有祭祀帝王、祖先与英雄人物的庙宇。

神庙被认为是神灵在当地的居所，每庙奉献给一或二神。它以内部的**正殿**(**Naos**)为主体，殿内立有该神灵的雕象。古希腊神庙一般不大，东向，膜拜仪式在庙外举行。清晨，当庙门开启时，沐浴在金光灿烂阳光中的神像，经常使膜拜者为之神往。也是因为这个原因，希腊人对神庙的外型与装饰均十分重视。

最初希腊神庙为只有一间正殿的土坯砖房屋，其型制类似古爱琴时期王宫中的称为**美加仑室**的正厅(图2·4·14—15)。以后为了防雨湿墙，在外添建木棚。随着神庙以砖木结构转向石结构，外面的棚也就固定下来了，至公元前6世纪定型为**围廊式**。以后人们对神庙造型不断关心并认识到柱子在此造型中所起的关键性作用，便逐渐产生了讲究柱子和与它联接的各部份的形式与比例的**柱式**(图2·5·49—53，61—63)。

此图是在**帕斯顿姆的波赛顿神庙**(**Temple of Poseidon, Paestum**，海神神庙，公元前460年)。这是一古风时期的多立克柱式的神庙。如把它同帕提农神庙(图2·5·9—14)比较，可以看到**多立克柱式**在几十年中的变化。

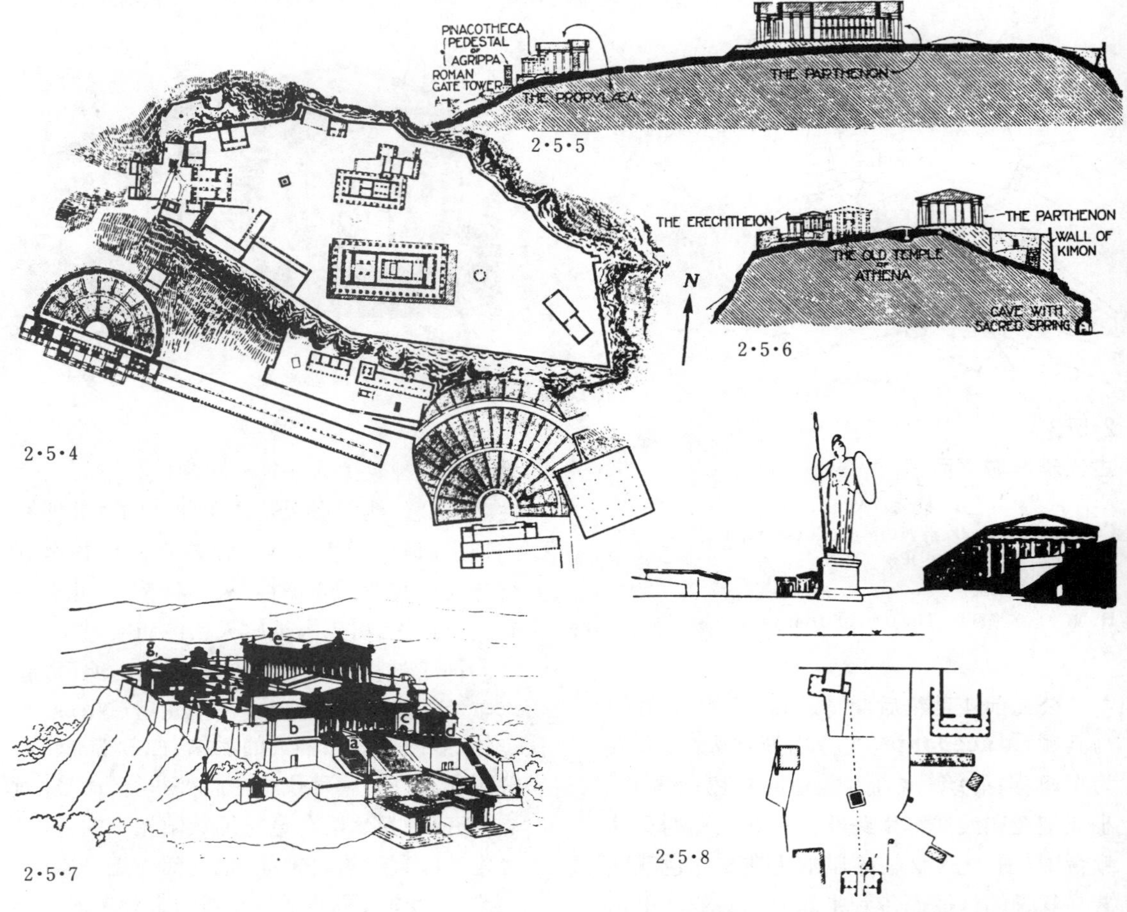

2·5·5

2·5·6

2·5·4

2·5·7

2·5·8

2·5·4 雅典卫城平面图　2·5·5 东西剖面图
2·5·6 南北剖面图
2·5·7 a. 卫城山门　b. 展览室　c. 敞廊　d. 胜利神庙　e. 帕提农神庙　f. 雅典娜女神铜像　g. 伊瑞克先神庙

2·5·4—7

雅典卫城(Acropolis, Athens)　位于今雅典城西南。卫城,原意是奴隶主统治者的驻地。公元前5世纪,雅典奴隶主民主政治时期,雅典卫城遂成为国家的宗教活动中心,自雅典联合各城邦战胜波斯入侵后,更被视为国家的象征。每逢宗教节日或国家庆典,公民列队上山进行祭神活动。卫城建在一陡峭的山岗上(图2·5·5—7),仅西面有一通道盘旋而上。建筑物分布在山顶上一约280×130米的天然平台上。卫城的中心是雅典城的保护神**雅典娜·帕提农的铜像**(图2·5·4,7,8),主要建筑是膜拜雅典娜的**帕提农神庙**(图2·5·9—14)**伊瑞克先神庙**(图2·5·21—27)、**胜利神庙**(图2·5·19—20)以及**卫城山门**(图2·5·15—18)。建筑群布局自由,高低错落,主次分明,无论是身处其间或是从城下仰望,都可看到较为完整与丰富的建筑艺术形象。帕提农神庙位于卫城最高点,体量最大,造型庄重,其它建筑则处于陪衬地位。卫城南坡(图2·5·4)是平民的群众活动中心,有露天剧场和敞廊。卫城在西方建筑史中被誉为建筑群体组合艺术中的一个极为成功的实例,特别是在巧妙地利用地形方面更为杰出。

2·5·8 从山门处看**雅典娜女神铜像**、帕提农神庙和伊瑞克先神庙。神象高11米,身披戎装,手执长矛,守护着城邦,是雕刻家菲狄亚斯(**Phidias**,公元前448—前422年)的作品。在卫城中起着统一周围建筑的作用。

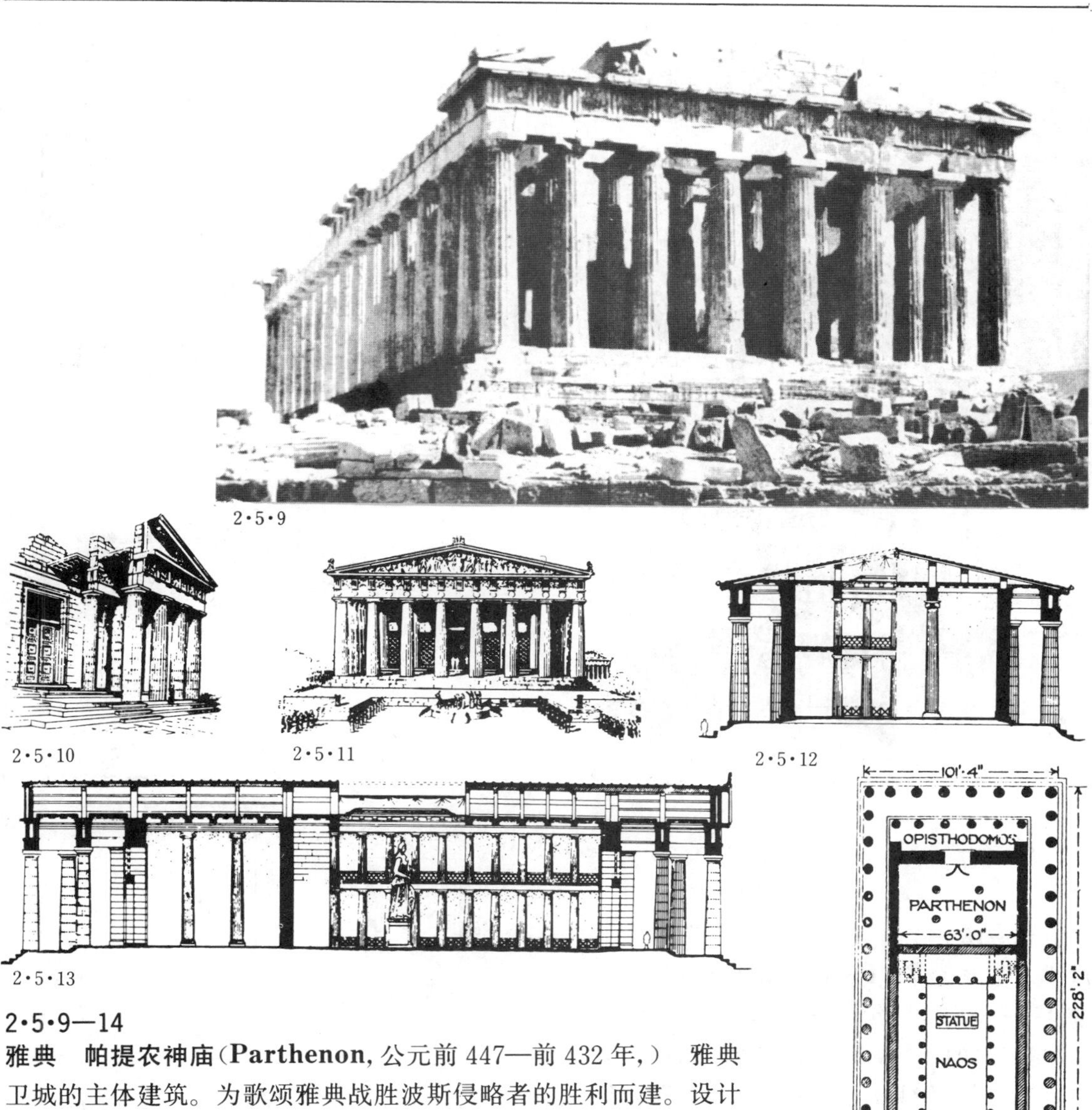

2·5·9—14

雅典　帕提农神庙(**Parthenon**, 公元前447—前432年,)　雅典卫城的主体建筑。为歌颂雅典战胜波斯侵略者的胜利而建。设计人为伊克梯诺(**lctinus**)和卡里克拉特(**Callicrates**)。其型制是希腊神庙中最典型的,即长方形平面的**列柱围廊式**(图2·5·14)。建在一个三级台基上(30.9×69.5米),两坡顶,东西两端形成三角形**山花**。这种格式被认为是古典建筑风格的基本形式。神殿外围的**多立克柱式**被誉为此种柱式的典范(图2·5·11,13)。正殿向东,内有双层叠柱式的三面回廊(图2·5·13右部),它加强了置放着神像的空间的中央轴线感。后面是国库和档案馆,内有四根**爱奥尼克式柱子**(图2·5·13左部)。该庙尺度合宜,饱满挺拔,风格开朗,各部分比例匀称,雕刻精致,并应用了视差校正手法(图2·5·64—65)以加强效果。材料除屋顶用木外,全部为白色云石,还用了大量镀金饰件。云石局部施以鲜艳色彩,具有节日气氛。

2·5·9 帕提农神庙现状
2·5·10 东端入口剖面图。外圈柱高10.4米,底直径1.9米。
2·5·11 东端复原图
2·5·12 横剖面图
2·5·13 纵剖面图。内有雕刻家菲狄亚斯用象牙与黄金雕成的雅典娜像,连基座高约12.8米。
2·5·14 平面图。正殿19.2×29.8米。

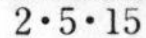

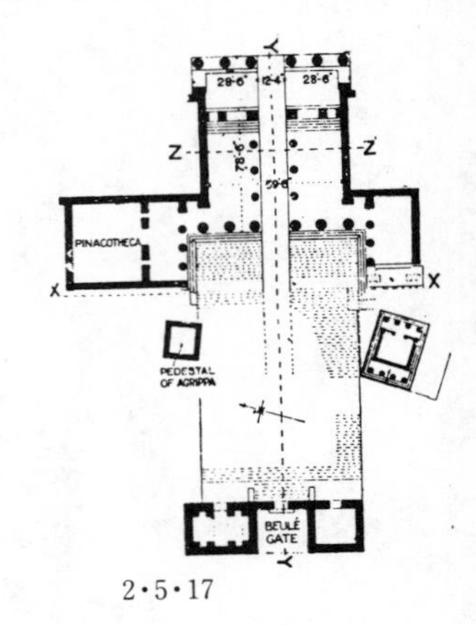

2·5·17

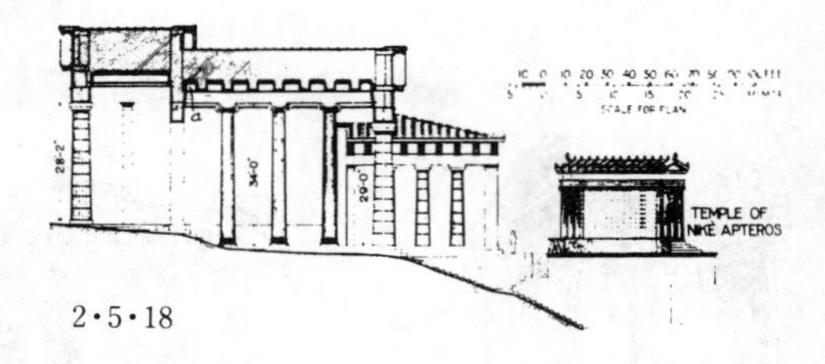

2·5·18

2·5·16

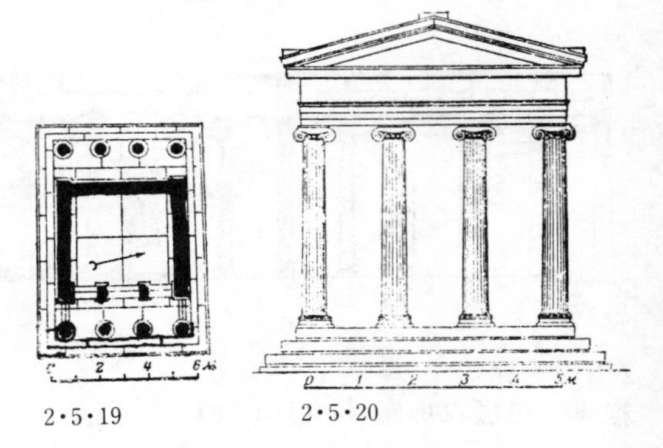

2·5·19 2·5·20

2·5·15 山门与胜利神庙现状
2·5·16 山门与胜利神庙复原图
2·5·17 平面图 2·5·18 剖面图
2·5·19 胜利神庙平面图
2·5·20 胜利神庙立面图

2·5·15—18

雅典 卫城山门(Propylea, Athens, 公元前437——前432年) 位于卫城西端陡坡上,是卫城的入口,为了因地制宜,做成不对称形式(图2·5·17)。主体建筑为**多立克柱式,**当中一跨特别大(图2·5·16—17),净宽3.85米,突出了大门。屋顶由于地面倾斜分为两段处理,以使前后两个立面造型一致(图2·5·18)。内部采用**爱奥尼克柱式,**装饰华丽。外观简洁朴素、庄重。北翼是展览室,南翼是敞廊。两翼体量较小,使山门更显壮观。从山门口就可看到卫城的中心——雅典娜女神铜像(图2·5·8)。

2·5·19—20

雅典 胜利神庙(Temple of Nike Apteros, 公元前427年) 建于雅典与斯巴达争雄时期,用以激励斗志,祈求胜利。神庙位于卫城山门左翼(图2·5·16—18),庙很小(8.2×5.4米,图2·5·19)。其型制属前后廊端柱式(图2·5·57上)。在其前与后的门廊上各有四根**爱奥尼克柱子,**高4米,底直径533毫米。它的体量与形象同峭壁、山门组成为一个统一均衡的构图。

2·5·21

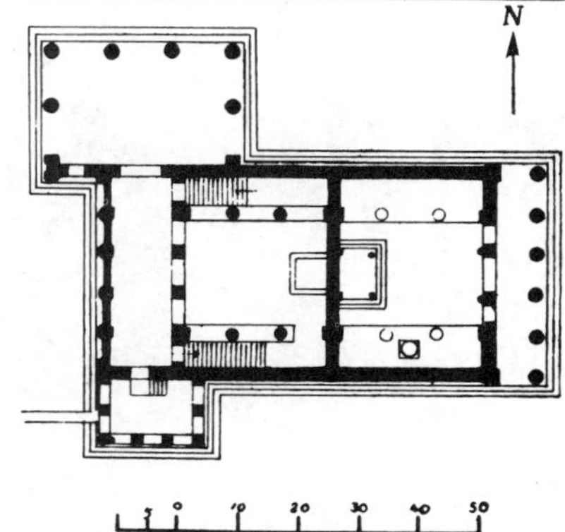

2·5·22

2·5·21 现 状 2·5·22 平 面
2·5·23 北立面 2·5·24 东立面
2·5·25 西立面 2·5·26 剖 面
2·5·27 复原图

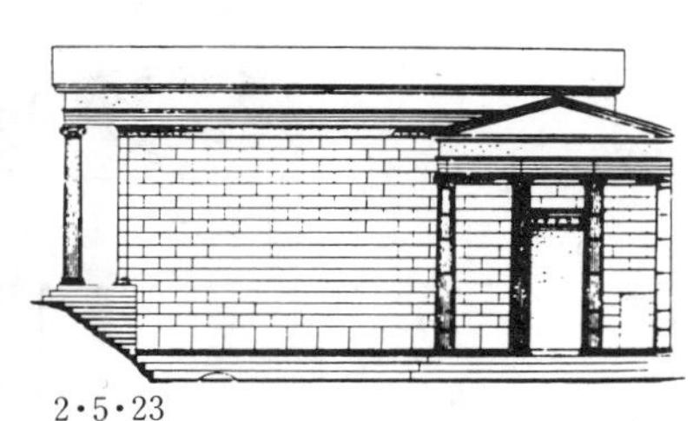

2·5·23

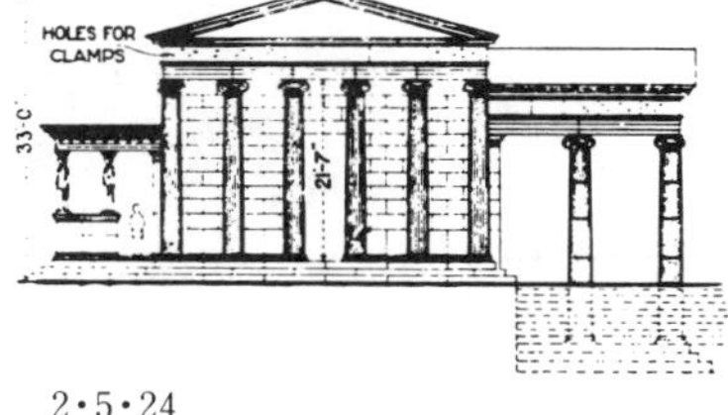

2·5·24

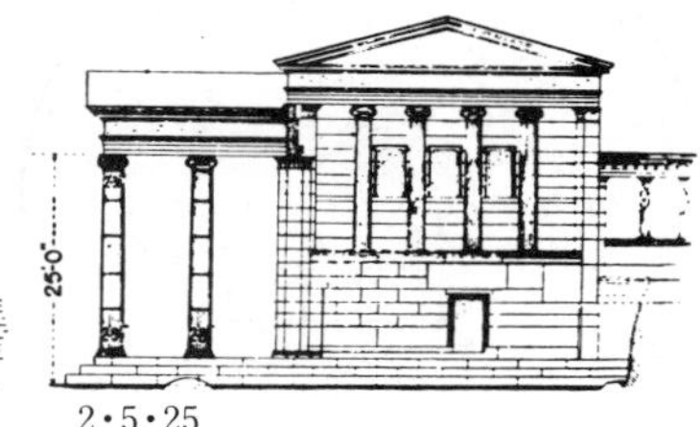

2·5·25

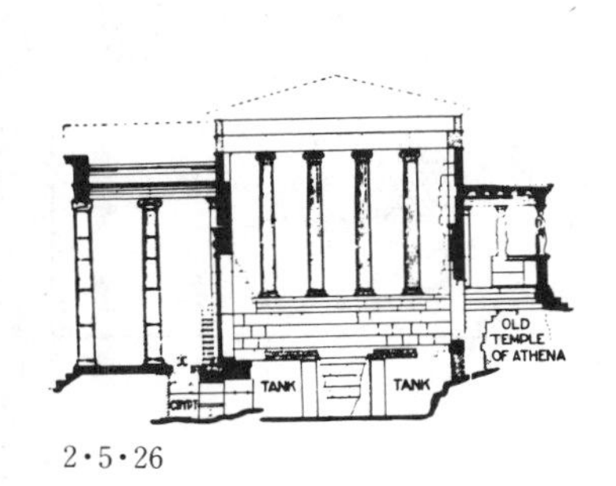

2·5·26

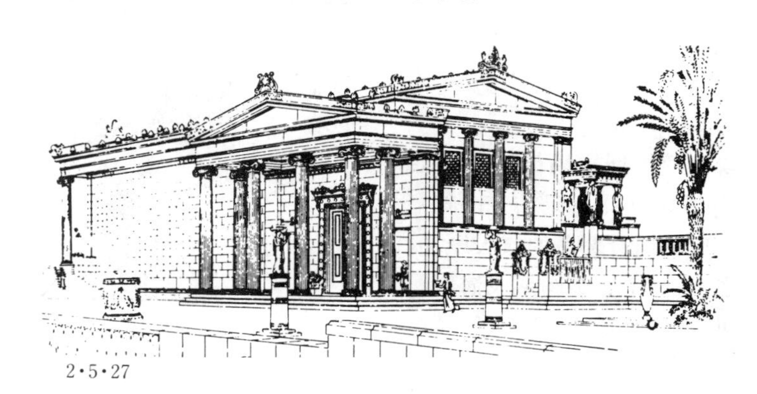

2·5·27

2·5·21—27

雅典 伊瑞克先神庙(**Erechtheion**,公元前 421—前 405 年) 位于帕提农神庙之北,根据地形高差起伏和功能需要,运用不对称构图手法成功地突破了神庙一贯对称的格式,成为一特例。它由三个小神殿、两个门廊和一个女像柱廊组成(图 2·5·62)。东面门廊是**爱奥尼克柱式**(图 2·5·24,柱高 6.5米,底直径 686 毫米),风格轻快。南面的**女像柱廊**(图 2·5·22)为一片白色大理石墙所衬托,并同帕提农神庙隔路相望。伊瑞克先神庙以小巧、精致、生动的造型,与帕提农神庙的庞大、粗壮、有力的体量形成对比。它不仅衬托了帕提农神庙的庄重雄伟,也表现了神庙本身的精巧秀丽。整座建筑用白色云石建成,其比例和谐得体、构图生动独特,柱头、花饰、线脚雕饰精细,表现了古代希腊建筑高超的艺术。

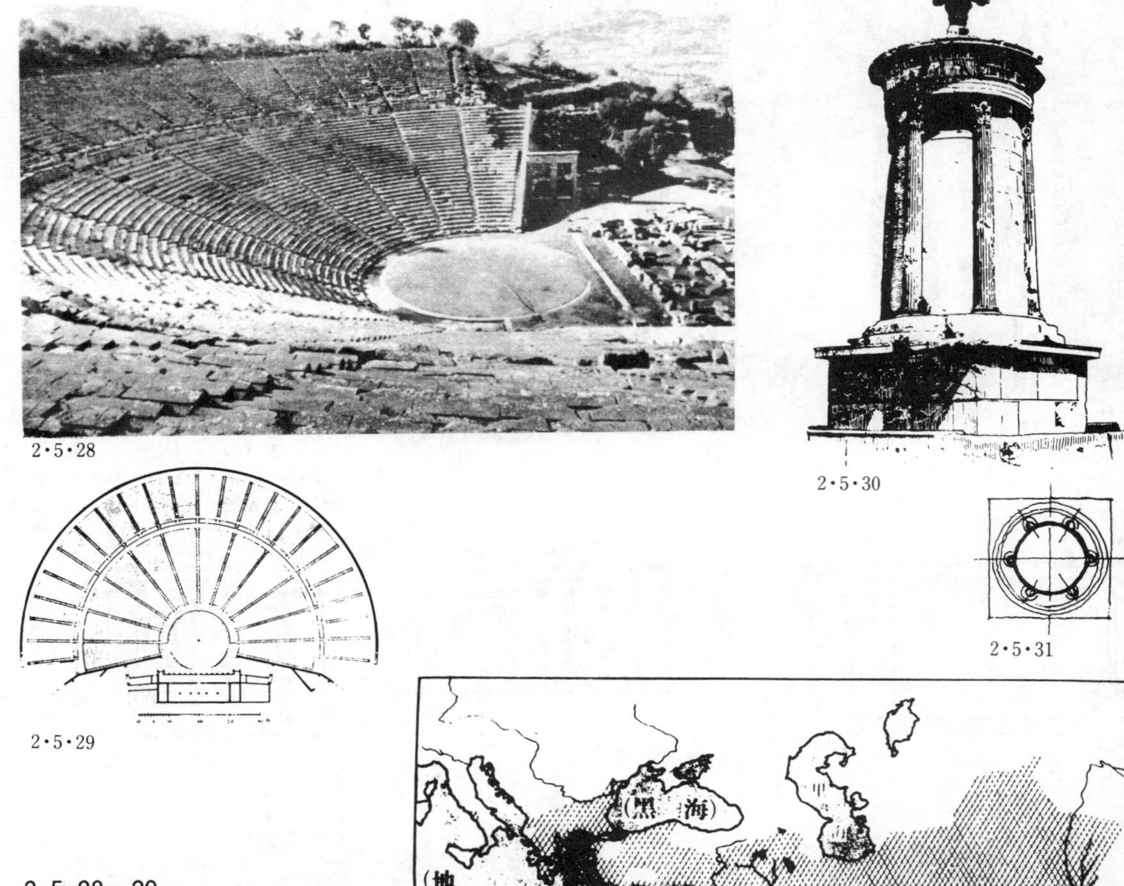

2·5·28

2·5·29

2·5·30

2·5·31

2·5·32

2·5·28—29
埃比道拉斯剧场(Theatre, Epidauros, 公元前 350 年)
古典晚期最著名的露天剧场之一。其中心是圆形表演区,叫**歌坛**,直径约 20.4 米。歌坛前面是建在自然山坡上的扇形看台,直径约为 118 米,有 34 排座位,以过道相联,后面是后台。

2·5·30—31
雅典 列雪格拉德音乐纪念亭(Choragic Monument of Lysicrates, 公元前 335—前 334 年) 希腊本土后期的作品,早期**科林斯柱式**的代表。圆亭立于一 2.9 米见方的基座上,顶上为得奖奖杯。从杯底至地面为 10 米多,造型秀丽,装饰自下而上渐丰富。

2·5·32
希腊文化的传播(图中有格子处是公元前 323 年马其顿王亚历山大统治时期的马其顿帝国版图) 公元前 4 世纪末—前 1 世纪马其顿统治时期,地中海东部的埃及、小亚细亚、叙利亚等地区在文化上受到了希腊文化的强烈影响,这些**希腊化国家**同时又保留着相当多的东方文化传统,因而出现了风格不一、丰富多样的文化。这时比较突出的是在城市建筑方面,在建筑类型方面也有些新发展。

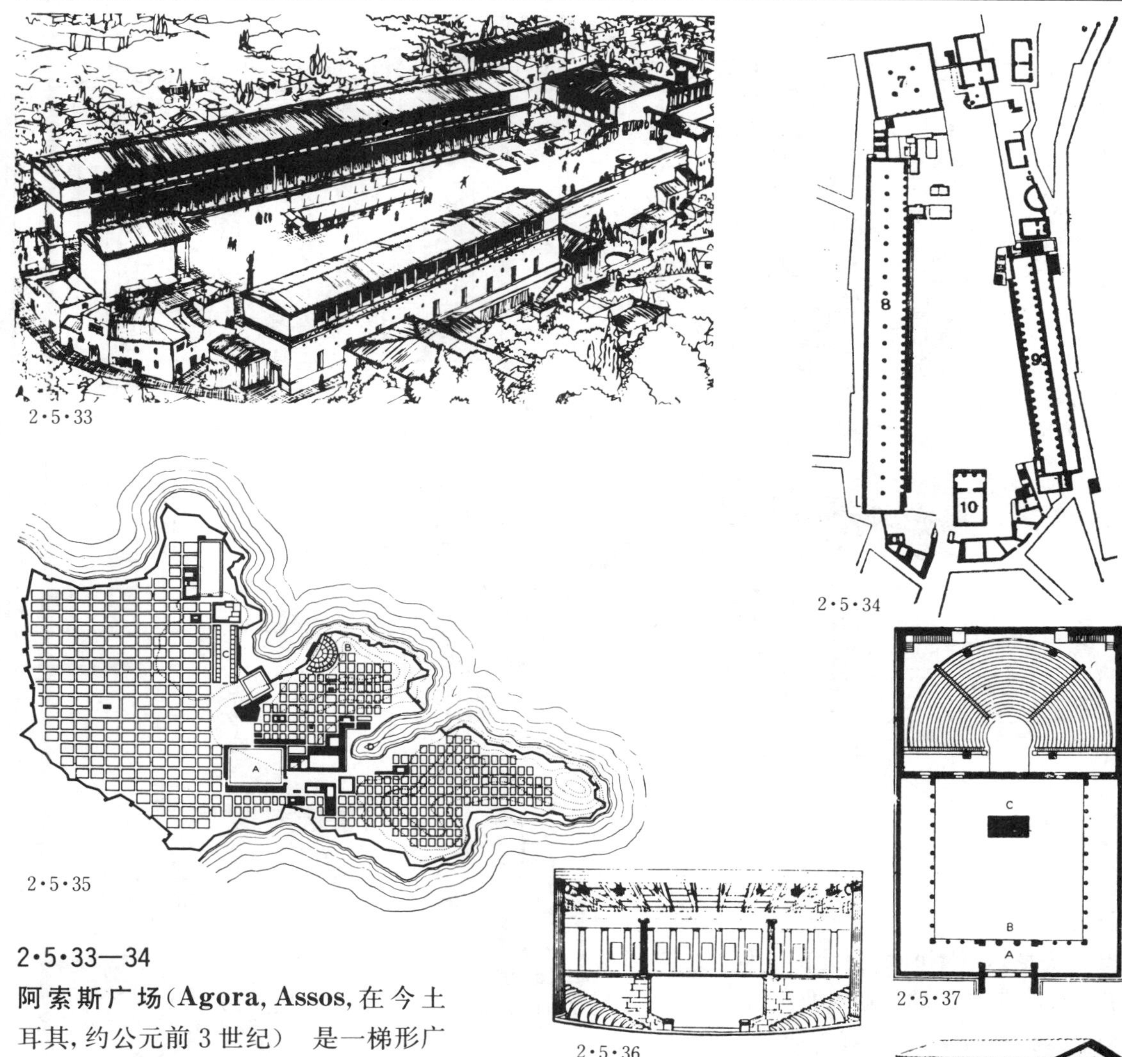

2·5·33

2·5·34

2·5·35

2·5·36

2·5·37

2·5·38

2·5·33—34

阿索斯广场(Agora, Assos, 在今土耳其,约公元前 3 世纪) 是一梯形广场,两边有敞廊,空间较封闭,在广场较宽的一端有庙宇,它只在面对广场的立面上才有柱廊。广场布局反映了希腊化时期手工业和商业发达的经济文化特点,对后来的罗马广场有一定影响。

2·5·35

米利都城(Miletus, 公元前 5 世纪后) 希腊化世界的经济文化中心,也是这时期最典型的小亚细亚城市之一。是一所谓**希波丹姆斯式**的城市,因它采用了公元前 5 世纪中叶由米利都人希波丹姆斯(**Hippodamus**)所提倡与系统化了的方格形街道网的布局。广场在此取代了卫城而成为城市的中心,周围有神庙、议事厅、商店、体育馆、竞技场和剧场等。

2·5·36—38

米利都 元老院议事厅(Bouleuterion, 约公元前 170 年) 是一长方形大厅,内有逐排升起的半圆形座位,可容 1200 座。外形二层,内部其实是一个有夹层的大空间。厅前有迴廊内院。

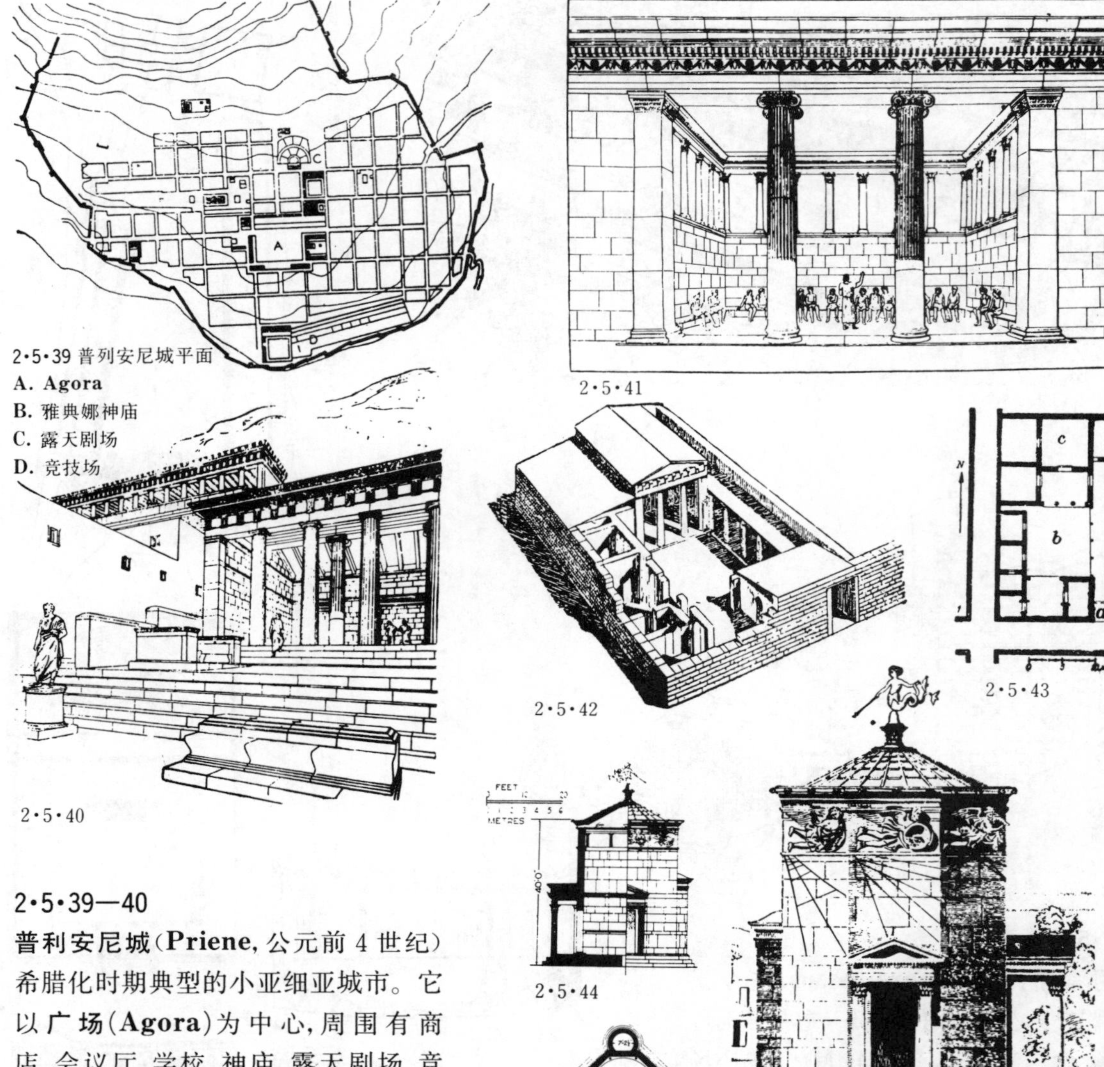

2·5·39 普列安尼城平面
A. Agora
B. 雅典娜神庙
C. 露天剧场
D. 竞技场

2·5·40

2·5·41

2·5·42

2·5·43

2·5·44

2·5·45

2·5·46

2·5·39—40

普利安尼城(**Priene**,公元前 4 世纪) 希腊化时期典型的小亚细亚城市。它以**广场**(**Agora**)为中心,周围有商店、会议厅、学校、神庙、露天剧场、竞技场、体育馆与供人休息用的**敞廊**(**Stoa**)等等,反映了新的城市经济文化特点。街道布局为**希波丹姆斯式**,并按地形使主要街道东西向,宽 6 米;南北为宽 3 米的石阶。

2·5·41

普列安尼　体育馆里的运动员室(**Ephebeum**,公元前 2 世纪末)　该室通过一个具有两根爱奥尼克式柱子的柱廊同体育馆的场地分开。其余三面高墙上立有科林斯柱式。檐部雕刻装饰丰富,反映了希腊建筑的影响。

2·5·42—43

普列安尼一住宅　房间围绕内院布置,内院一侧是敞廊。图 2·5·43: **a.** 大门入口　**b.** 内院　**c.** 居室

2·5·44—46

雅典风塔(约公元前 48 年)　希腊本土在希腊化时期的实例。建在雅典中心广场上,是一观测气象的建筑物。顶上有风标,平面八边形,檐壁刻有风神、日晷(图 2·5·46)。由于墙面石块雕刻过大,使建筑尺度比例失调。

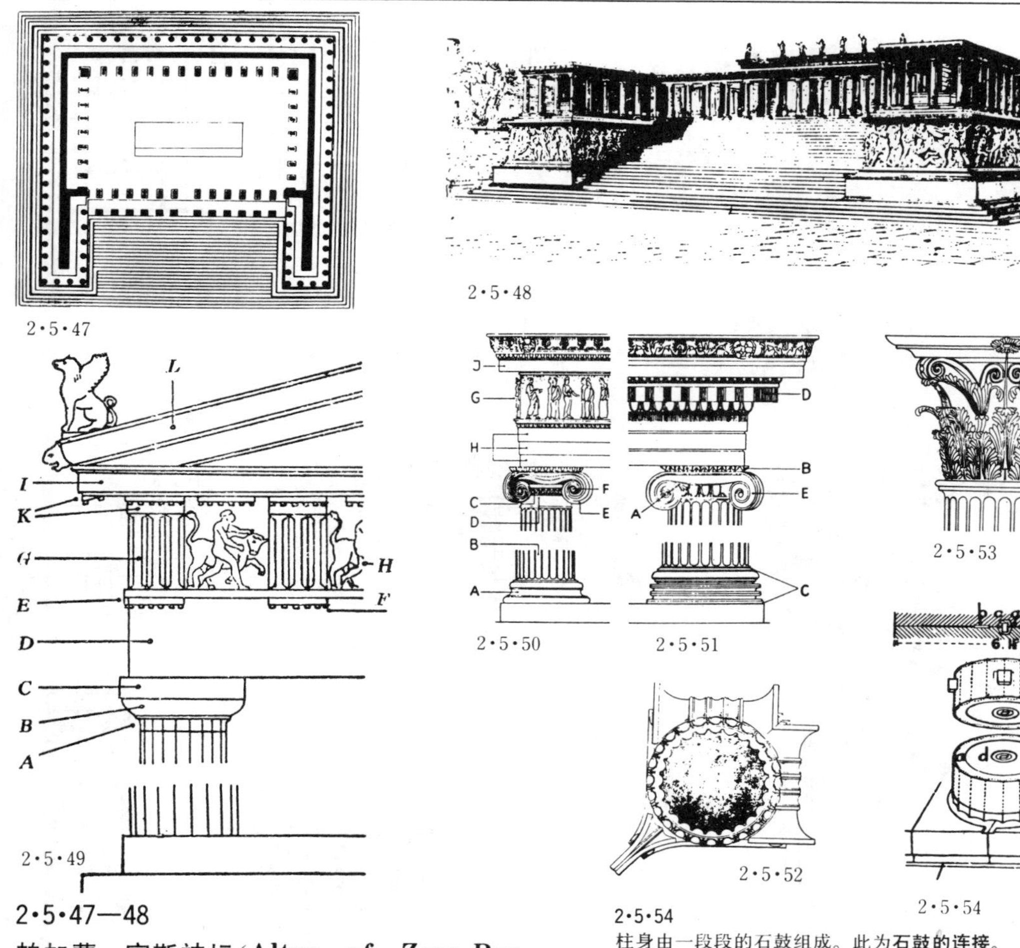

2·5·47　2·5·48　2·5·49　2·5·50　2·5·51　2·5·52　2·5·53　2·5·54

2·5·47—48

帕加蒙　宙斯神坛(Altar of Zeus, Pergamon, 公元前 197—前 159 年)　神坛在此是一独立的建筑物。平面凹形，主体为一圈高 3 米余的爱奥尼克式柱廊，祭坛在中央。柱廊下的基座高 5.34 米，上刻有一圈精致的长达 120 米的人物雕刻。

2·5·49—52

古希腊柱式是决定希腊建筑形式的柱子格式(**Ordine**, 意即规程)。主要为**多立克柱式**(**Ordine Dorico**, 图 2·5·49)、爱奥尼克柱式(**Ordine Ionico**图 2·5·50—52)与**科林斯柱式**(**Ordine Corintio**, 图 2·5·53)，还有**人像柱式**(图 2·5·62—63)。柱式通常由**柱子**(柱础、柱身、柱头)和**檐部**(额枋、檐壁、檐口)两大部分组成。也有把房屋的台基列入考虑范围。各部分之间和柱距均以柱身底部直径为模数形成一定的比例关系。希腊柱式后来为罗马所继承与发展。所谓**古典柱式**包括古希腊的三柱式和后来古罗马的五柱式。

2·5·54
柱身由一段段的石鼓组成。此为**石鼓的连接**。

2·5·49　多立克柱式(Ordine Dorico)。柱子比例粗壮，高度约为底径 4 — 6 倍。柱身有凹圆槽，槽背呈尖形，没有柱础，直接立在三级台基上。檐部高度约为整个柱式高度 1/4。柱距约为柱径 1.2—1.5 倍。柱子：A. 柱身。B. 柱头(柱帽) C. 檐底托板。檐部：D. 额枋　E. 边条　F. 钉头饰　G. 三陇板　H. 嵌板(由三陇板与嵌板组成的部分统称檐壁) I. 檐冠　K. 椽头　L. 檐口

2·5·50—52　爱奥尼克柱式(Ordine Ionico)。柱子比例修长，高度约为底径 9 —10 倍。柱身有凹圆槽，槽背呈带状。檐部高度约为整个柱式高度 1/5。柱距约为柱径 2 倍。

2·5·50　柱子：A· 柱础　B. 柱身的槽　C. 柱颈　D. 帽托　E. 卷涡　F. 卷涡“眼”　G. 额枋　H. 檐壁 I. 檐冠

2·5·51　A. 帽托　B. 檐底托板　C. 柱础　D. 檐壁上的齿饰

2·5·52　爱奥尼柱式转角处的柱头处理

2·5·53　科林斯柱式(Ordine Corintio)除了柱头如满盛卷草的花篮外，其它各部与爱奥尼克柱式同。

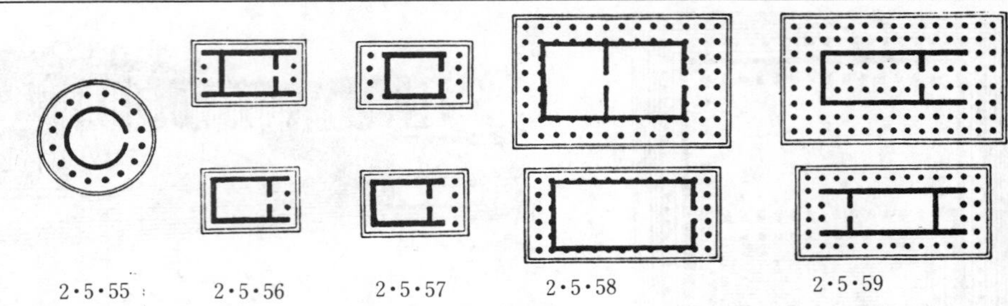

2·5·55 圆形神庙(Tholos)
2·5·56 上：前后廊端柱式 下：端柱式(Distyle)
2·5·57 上：前后廊列柱式 下：列柱式(Prostyle)
2·5·58 上：假双排柱围廊式 下：假列柱围廊式(Pseudo Peripteral)
2·5·59 上：双排柱围廊式 下：列柱围廊式(Peripteral)

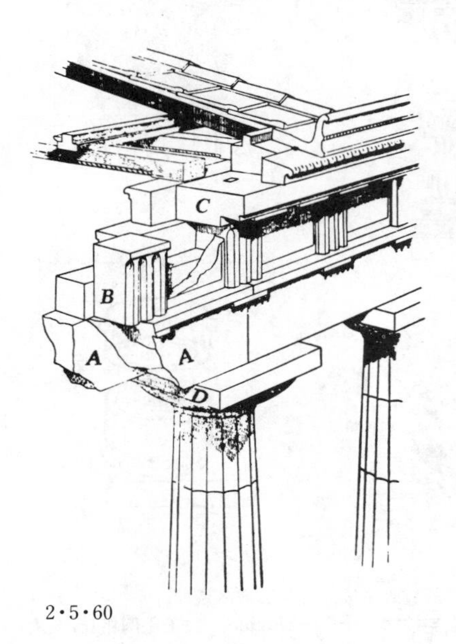

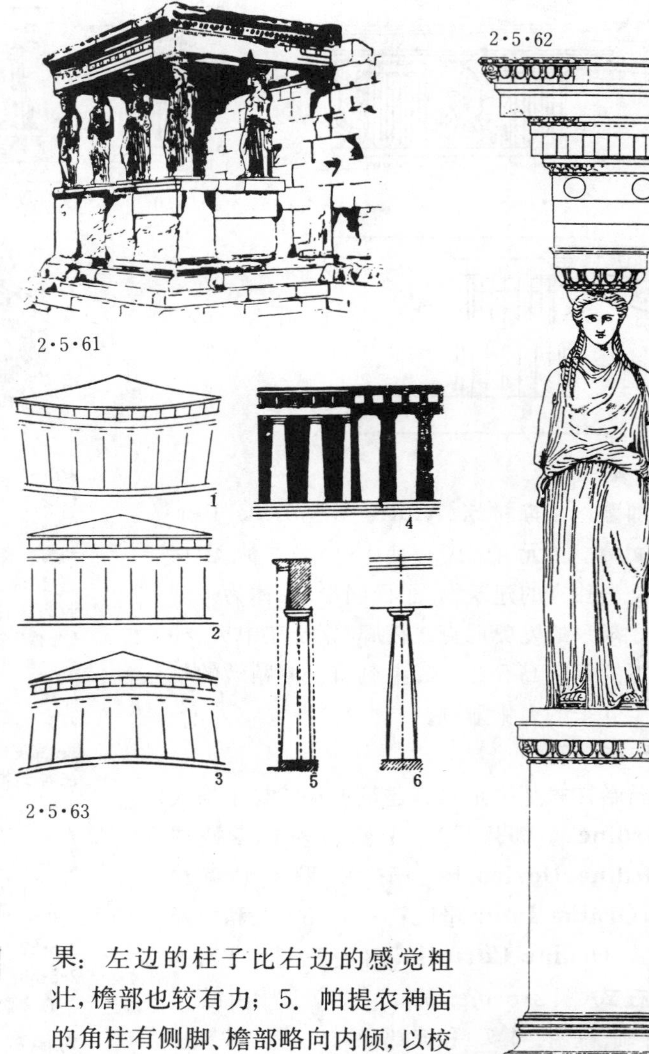

2·5·55—59

古希腊神庙平面布局形式

2·5·60

多立克柱式檐部构造：A 额枋(architrave) B 檐壁(frieze) C 檐冠(corona) D 檐底托板(abacus)

2·5·61—62

伊瑞克先神庙中的**人像柱廊与人像柱**(像高 2.3 米)。

2·5·63

视差校正法：1. 未经视差校正时的效果；2. 经校正后的效果；3. 视差校正法。4. 由明暗而引起的效果：左边的柱子比右边的感觉粗壮，檐部也较有力；5. 帕提农神庙的角柱有侧脚、檐部略向内倾，以校正视差；6. 柱子有卷杀，避免中部显细的错觉。

2·6·1

2·6 古代罗马的建筑

（公元前 8 世纪—后 4 世纪）

古代罗马包括今意大利半岛、西西利岛、希腊半岛、小亚细亚、非洲北部、西亚洲的西部和西班牙、法国、英国等地区（图 2·6·2）。其文化是在伊特鲁里亚文化（最早定居于意大利的部族）和希腊文化的综合影响下发展起来的，对后来欧洲及世界文化的影响很大。

罗马原是意大利半岛南部一个拉丁族的奴隶制王国。自公元前 500 年左右起它进行了长达二百余年的统一意大利半岛的战争，并改为共和制。以后，不断地对外扩展，到公元前 1 世纪建立了横跨欧、亚、非三洲的罗马帝国。

古罗马的建筑按其历史发展可分为三个时期：

伊特鲁里亚时期（公元前 8 —前 2 世纪）伊特鲁里亚曾是意大利半岛中部的强国。其建筑在石工、陶瓷构件与拱券结构方面有突出成就。罗马王国与共和初期的建筑就是在这个基础上发展起来的。

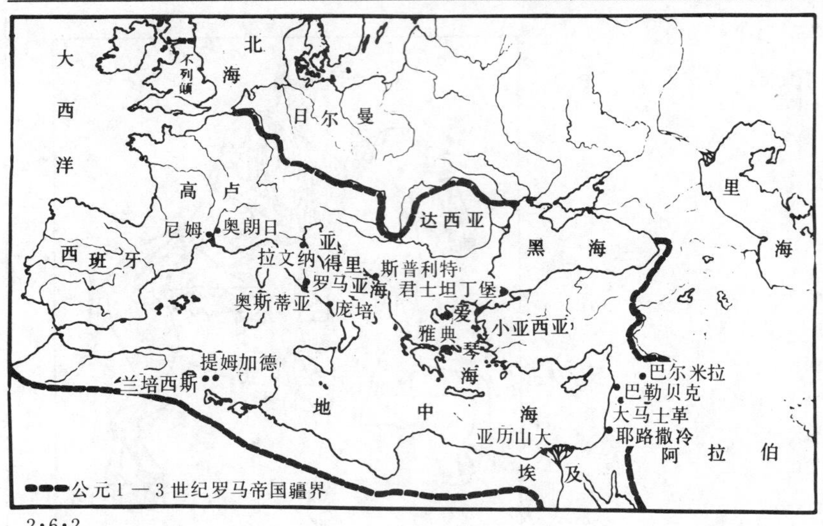

2·6·2

古代罗马地图

尼　姆（法）Nimes	罗　马（意）Rome	君士坦丁堡（土）Constantinople
奥朗日（法）Orange	奥斯蒂亚（意）Ostia	亚历山大（埃）Alexandria
提姆加德（阿尔）Timgad	庞　培（意）Pompeii	巴尔米拉（叙）Palmyra
兰培西斯（阿尔）Lambazis	斯普利特（南）Split	巴勒贝克（黎）Baalbek
拉文纳（意）Ravenna	雅　典（希）Athens	大马士革（叙）Damascus
		耶路撒冷（巴勒）Jerusalem

罗马共和国盛期（公元前2世纪—前30年）。罗马在统一半岛与对外侵略中聚集了大量劳动力、财富与自然资源，有可能在**公路**、**桥梁**、**城市街道**与**输水道**等方面进行大规模的建设。公元前146年对希腊的征服，又使它承袭了大量的希腊与小亚细亚文化和生活方式。于是除了神庙之外，公共建筑，如**剧场**、**竞技场**、**浴场**、**巴西利卡**等十分活跃，并发展了**罗马角斗场**。同时希腊建筑在建筑技艺上的精益求精与古典柱式也强烈地影响了罗马。

罗马帝国时期（公元前30年—公元后476年）。公元前30年罗马共和执政官奥古斯都称帝。从帝国成立到公元后180年左右是帝国的兴盛时期。这时，歌颂权力、炫耀财富、表彰功绩成为建筑的重要任务，建造了不少雄伟壮丽的**凯旋门**、**纪功柱**和**以皇帝名字命名的广场**、神庙等等。此外、**剧场**、**圆形剧场**与**浴场**等亦趋于规模宏大与豪华富丽。3世纪起帝国经济衰退，建筑活动也逐渐没落。以后随着帝国首都东迁拜占廷（330年，详见3·1）和帝国分裂为东、西罗马帝国（395年，西罗马帝国定都拉文纳），建筑活动仍长期不振。直至476年，西罗马帝国灭亡为止。

古罗马建筑在材料、结构、施工与空间的创造等方面均有很大的成就。在**空间创造**方面，重视空间的层次、形体与组合，并使之达到宏伟与富于纪念性的效果；在结构方面，罗马人在伊特鲁里亚和希腊的基础上发展了综合东西方大全的**梁柱与拱券结合的体系**；在建筑材料上，除了砖、木、石外，还有运用地方特产火山灰制成的**天然混凝土**；此外，罗马人还把古希腊柱式发展为五种古典柱式，即**多立克柱式**、**塔司干柱式**、**爱奥尼克柱式**、**科林斯柱式**和**组合柱式**，并创造了**券柱式**；在理论方面维特鲁威的著作《建筑十书》不仅理论卓越、资料丰富，并成为自文艺复兴以后三百余年建筑学上的基本教材。罗马共和盛期与罗马帝国盛期的建筑和希腊盛期的建筑同称为**古典建筑**。

2·6·3　2·6·4

2·6·5

A. 罗曼努姆广场(Forum Romanum)
B. 帝王广场(Forum of the Emperors)
C. 皇宫(Palace of the Emperors)
D. 大角斗场(Colosseum)
E. 马克西姆跑马场(Circus Maximus)
H. 卡瑞卡拉浴场(Baths of Caracalla)
K. 戴克利先浴场(Baths of Diocletian)
N. 万神庙(Pantheon)
O. 哈德良陵墓(Tomb of Hadrian)

2·6·6

2·6·7

2·6·3

佩鲁吉亚　奥古斯都拱门(Arch of Augustus, Perugia, 公元前 2 世纪末)　檐壁以下的拱门部份是伊特鲁里亚时期的遗迹,城墙全部用石块干砌而成。

2·6·4

从维特鲁威的描述而臆想的一座**伊特鲁里亚庙宇**。形式类似希腊神庙,但比例不同,装饰为陶瓷制品。

2·6·5

古罗马城平面　沿着台伯河,围绕着七个山头而布置。

2·6·6

尼姆　加尔桥(Pont du Gard, 公元 14 年)　古罗马为供应城市生活用水而建的**输水道(Aqueduct)**。在罗马本土及其殖民地均有,凡逢山遇河时便筑水道桥。加尔桥在今法国尼姆,原长约 40 公里,现仅存横跨加尔河谷的一段,长 268.83 米,渡槽最高处离地约 48 米。

2·6·7

古罗马第一个皇帝奥古斯都在位时(公元前 31—公元后 14 年)建于今法国南部**圣夏马(St. Chamas)**的一座**罗马桥梁**。

2·6·8 罗曼努姆广场鸟瞰

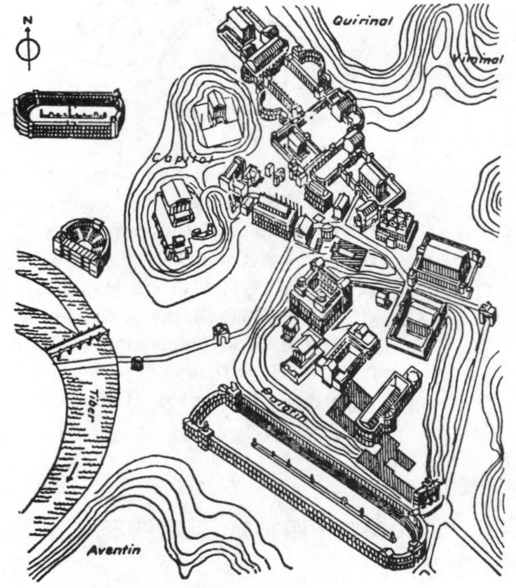

2·6·9 罗马城中心轴侧鸟瞰

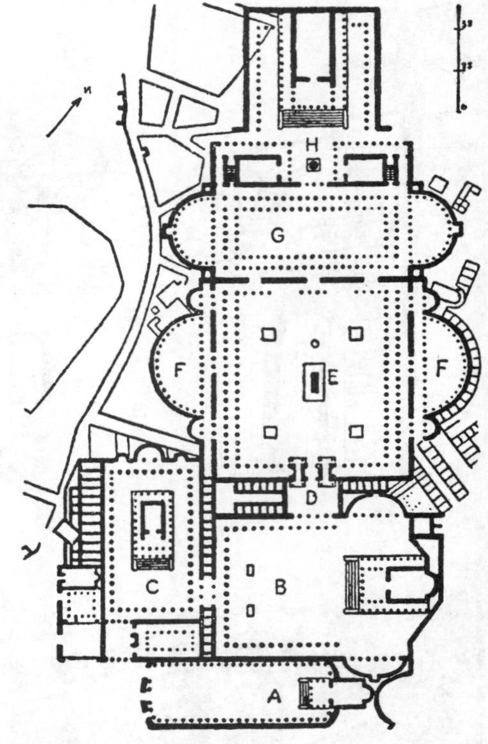

2·6·10 罗马城的帝王广场群

A 奈乏广场(**Forum of Nerva**, 90 年)
B 奥古斯都广场(**Forum of Augustus**, 前 30 年)
C 凯撒广场(**Forum of Caesar**, 前 40 年)
D 图拉真广场前的凯旋门 E 图拉真像
F 广场内的市场 G 巴西利卡
H 图拉真纪功柱

2·6·8—10

罗马市中心的广场群(公元前 2 世纪—公元后 2 世纪) 罗马广场(**Forum**)在共和国时期与希腊广场(**Agora**)一样,是市民集会和交易的场所,也是城市的政治活动中心。其布局比较自由,内常有一或二座与市政或市民生活有关的庙宇,如罗马的**罗曼努姆广场**(**Forum Romanum**,**图 2·6·8 与 9 的中部**)。帝国时期,广场成为帝王实行个人崇拜的场所。其布局严谨对称,主题建筑常是一座用以象征与歌颂皇帝的神庙,如图 2·6·10 的**奈乏广场**、**奥古斯都广场**、**凯撒广场**与图拉真广场。其中**图拉真广场**(**Forum of Trajan**, 98—113)最能反映当时帝王广场的设计意图。它不仅尺度很大,并与图拉真巴西利卡、图书馆(图 2·6·46—47)以及图拉真神庙(图 2·6·9—10 上端)沿着一条中轴线组成为一个多层次的整体。广场平面呈矩形,长宽约 90×120 米,入口为一凯旋门,左右两端各有一半圆形的次广场,末端是图拉真巴西利卡。广场中央(纵横轴线的相交处)立着图拉真的骑马铜像; 四周是柱廊,廊后为商店。突出主次和层层深入的空间使广场具有庄严雄伟的艺术效果。广场的设计人是来自大马士革的叙利亚人阿波罗多拉斯(**Apollodorus**)。

2·6·11

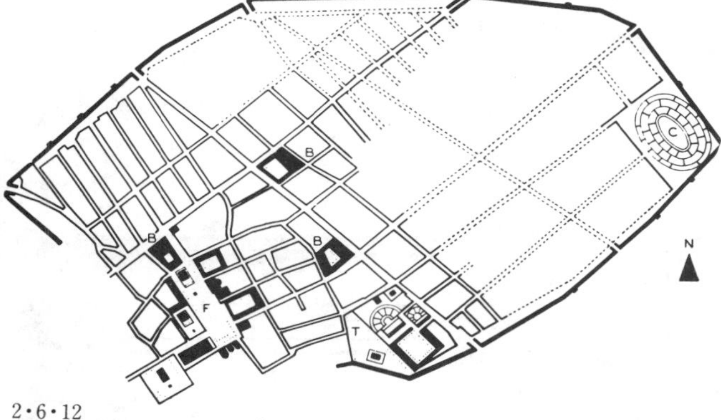

2·6·12

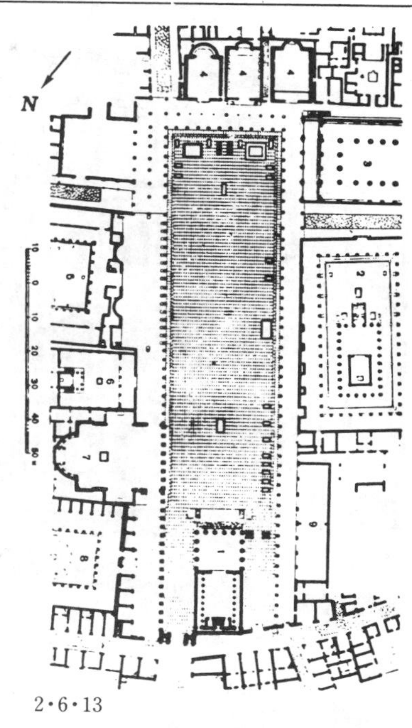

2·6·13

1 朱比特神庙(**Temple of Jupiter**, 前 180 年)
2 阿波罗神庙(**Temple of Apollo**, 前 120 年)
3 巴西利卡(**Basilica**, 前 2 世纪)
4 议会厅 5 女僧院
6 帝王专用的神庙(69—79 年)
7 城市守护神神庙 8 市场(公元前后)
9 蔬菜市场(其右侧沿街处为公共厕所)

2·6·11

庞培城—街景

2·6·12

庞培城(Pompeii, 始建于公元前 4 世纪,公元后 79 年维苏威火山爆发时被埋没) 古罗马的商业与休养城市。平面长约 1200 米,城内道路主次分明,主干道宽约 7 米,次要街道宽 2.4—4.5 米。城西南是市中心广场(图 2·6·13)。

F 中心广场(**Forum**) C 角斗场(**Amphi-theatre**)
T 剧场(**Theatre**) B 浴场(**Thermae**)

2·6·13

庞培 中心广场(Forum, Pompeii, 公元前 2 世纪) 共和时期一规则形的市民广场。周围的建筑类型多样化,反映了市民在此的政治、经济、宗教与日常生活。广场的三面围有一圈划一的柱廊,造型完整。

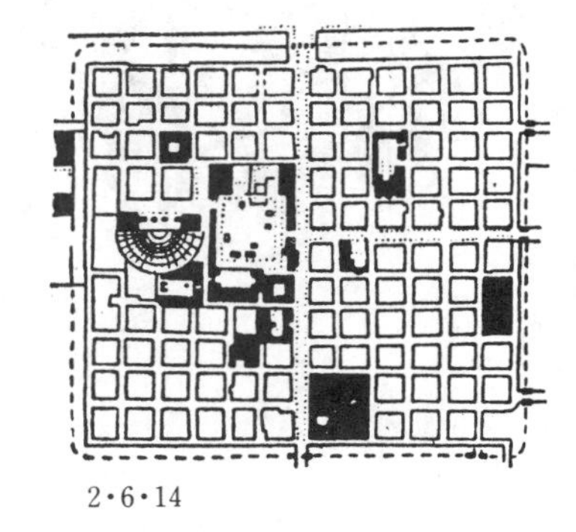

2·6·14

2·6·14

提姆加德城(Timgad公元 100 年左右) 罗马帝国设在北非的一个军事营寨城。平面近方形,约 325×355 米。城市的中心广场(**Forum**, 60×100 米)开向宽阔的便于操练的"**T**"字形干道。街坊布置整齐,另有剧场、浴场、巴西利卡等。

2·6·15

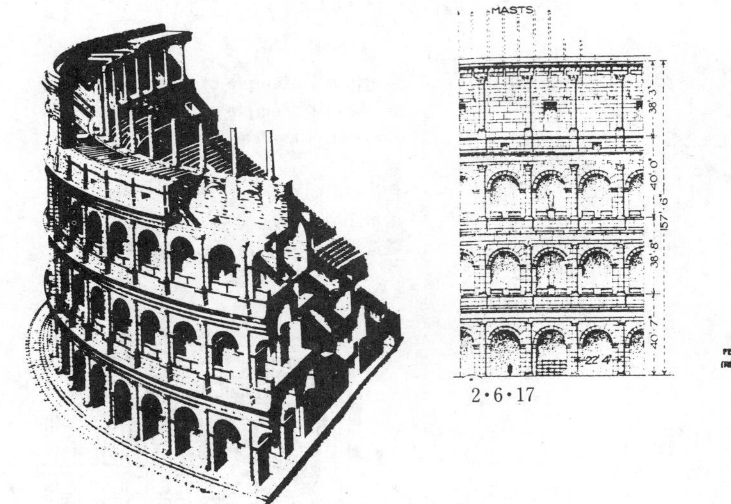

2·6·16

2·6·17

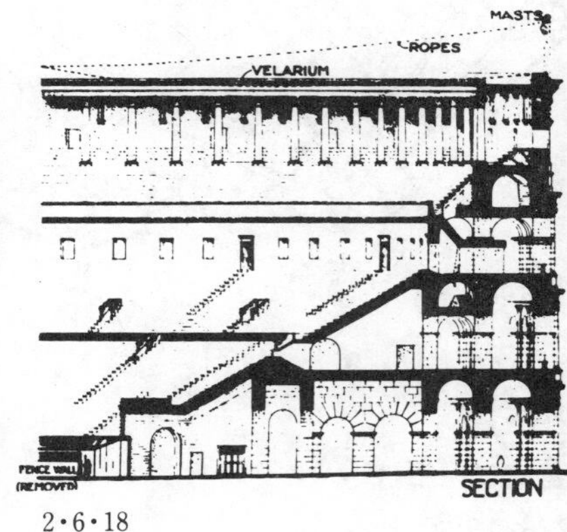

2·6·18

2·6·15 外观 2·6·16 部分截面
2·6·17 立面 2·6·18 剖 面
2·6·19 平面

2·6·15—19

罗马 大角斗场(**Colosseum, Rome,** 又译大斗兽场,70—82年) 角斗表演是古罗马节日中不可缺少的节目。公元前80年左右,古罗马创建了用两个半圆形剧场相对而合成的圆形剧场(**Amphitheatre**)以供这种活动之用。罗马大角斗场是所有圆形剧场中的最大者。位于罗马市中心东南。平面(图2·6·19)呈长圆形,长径189米,短径156.4米。内由三大部分组成:中央是**表演区**(**Arena,** 也叫沙场),长径87.47米,短径54.86米;周围是**观众席,** 共有座位60排,按观众等级分区,可坐5万人;底下是服务性的**地下室,** 内有兽栏、角斗士预备室、排水管道等等。结构为罗马建筑中常见的混凝土**筒形拱与交叉拱**(图2·6·18—19),这对内部所需的上下纵横交错的交通系统是适宜的。场内设有80个出入口,以便疏散。立面高48米,分四层处理

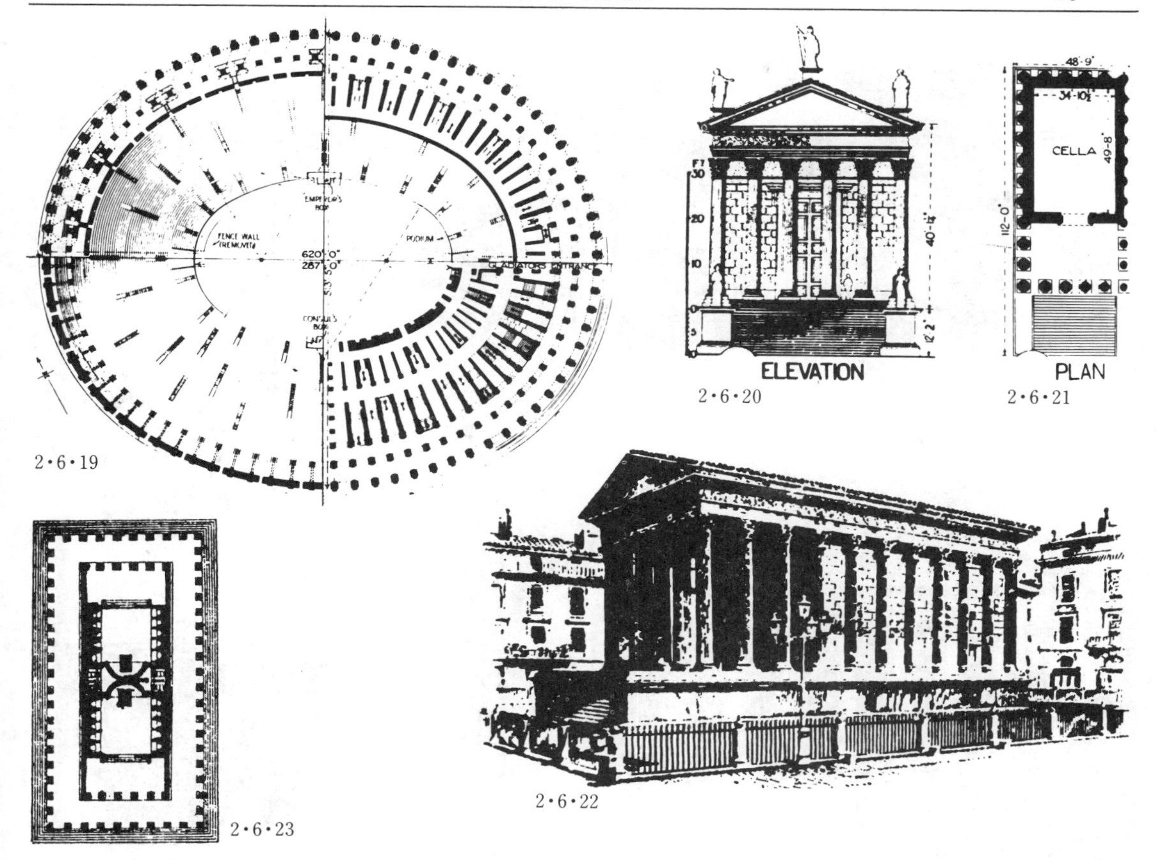

2·6·19　2·6·20　2·6·21　2·6·22　2·6·23

2·6·24

(图 2·6·15—17)。底下三层为连续的**券柱式**拱廊。各层采用不同的柱式构图，由下而上依次为塔司干式、爱奥尼克式与科林斯式。第四层为实墙，外饰以科林斯式**壁柱**。这样的立面处理既和该建筑的面向周围四面八方一致，也使这么一个庞然大物显得开朗明快与富于节奏感。

2·6·20—22

尼姆　梅宋卡瑞神庙(Maison Carree, Nimes, 公元前 16 年)　现存古罗马神庙中最完整者，在今法国。神庙建在一高台基上，系仿希腊的**假列柱围廊式(Pseudo Peripteral,** 图 2·5·59)，但只能从正面的大台阶上去。内部空间由于长宽比关系，使人感到较希腊神庙为宽阔。外形从整体到细部具有希腊建筑的简洁与雅致，这是奥古斯都时期建筑的特点，不象后来的神庙那么富丽堂皇与充满世俗气息。

2·6·23—24

罗马　维纳斯与罗马神庙(Temple of Venus &Rome, 123—135 年)　是一**列柱围廊式(Peripteral,** 图 2·5·60)神庙。内部由两个**端柱式(Distyle,** 图 2·5·57)神庙背对背组成，分别供奉维纳斯与罗马二神。它说明了古罗马神庙布置灵活且没有一定的朝向。外围一圈附属建筑使之形成一个独立的神庙区。

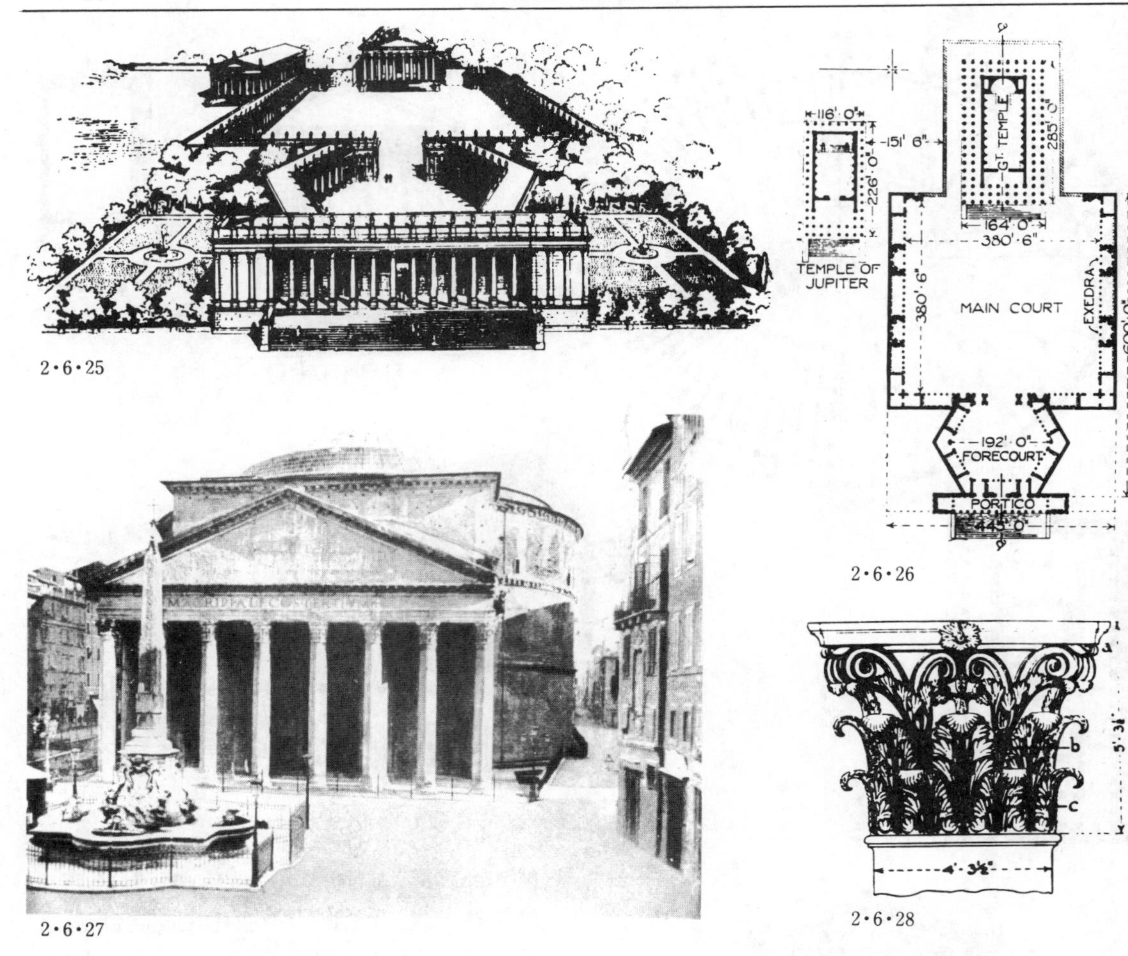

2·6·25

2·6·26

2·6·27

2·6·28

2·6·27 万神庙外观 2·6·28 门廊柱头
2·6·29 立　面 2·6·30 平　面
2·6·31 圆形正殿内 2·6·32 剖　面

2·6·25—26
巴勒贝克大神庙(**Temple at Baalbek**, 2—3 世纪)　在今黎巴嫩,为膜拜当地的主神,太阳神赫里奥斯(**Helios**, 故 **Baalkek** 又称 **Heliopolis**)而建。是一组规模宏大的建筑群。主神庙(50×87 米)属**双重列柱围廊式**。在它的前面沿着中轴线依序排列有方形大院(115.97 米见方)、六角形前院、门廊及大台阶。层层次次、不同形体的空间成功地突出了主体建筑。

2·6·27—32
罗马　万神庙(**Pantheon**, 音译潘提翁,圆形正殿部分建于 120—124 年)　古罗马宗教膜拜诸神的庙宇。曾是现代结构出现以前世界上跨度最大的大空间建筑。该庙最初为一建于公元前 27—25 年的矩形神庙,后遭火毁。120 年哈德良皇帝在位时在庙前的水池上建了一个圆形神庙。202 年卡瑞卡拉皇帝在位时重建了矩形神庙,使之成为圆形神庙的入口,于是形成了这座坐南朝北的,**集罗马穹窿和希腊式门廊大全**的万神庙(图 2·6·27,30)。门廊正面有八棵科林斯式柱子,高 14.15 米、底直径 1.51 米,柱头(图 2·6·28)为白色大理石,柱身红色花岗石,身上无槽。其山花与柱式比例属罗马式(图 2·6·29)。圆形正殿部分是神庙的精华。其直径与高度均

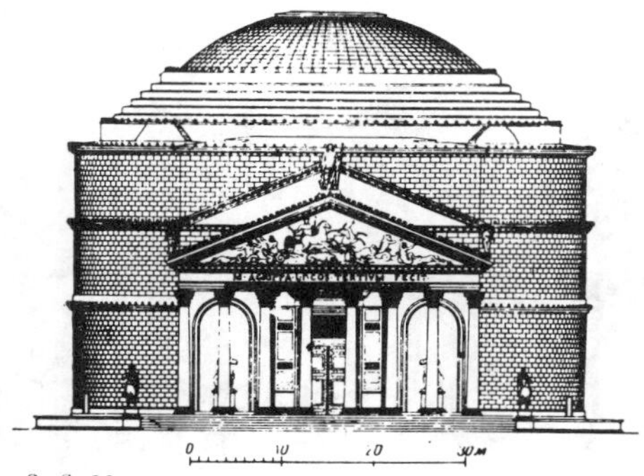

2·6·29

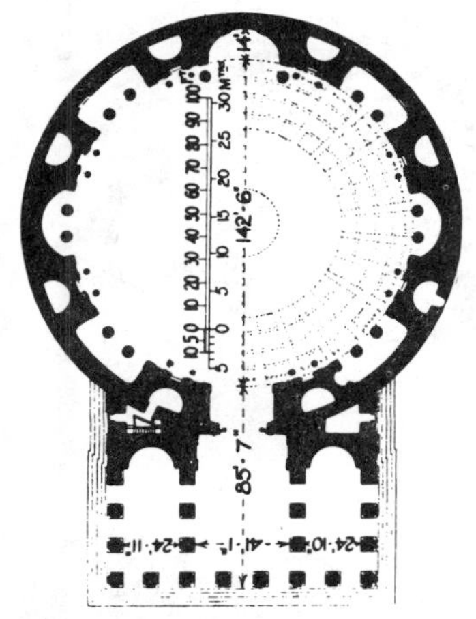

2·6·30

2·6·31

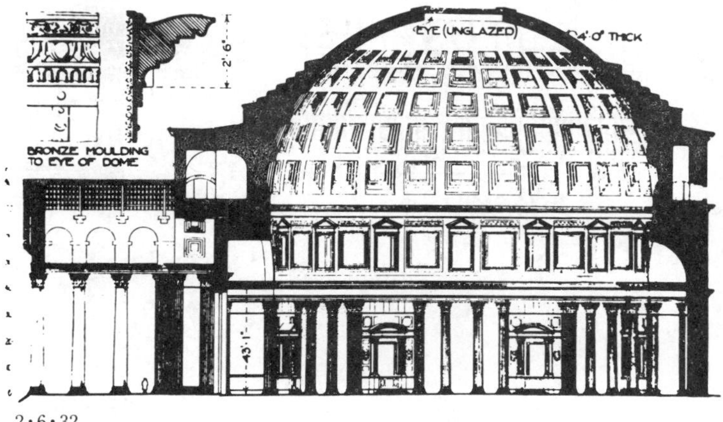

2·6·32

为 43.43 米，上覆穹窿。穹窿底部厚度与墙同，为 6.2 米，向上则渐薄，到中央处开设有一直径 8.23 米的**圆洞**，供采光之用。结构为混凝土浇筑，为了减轻自重，厚墙上开有**壁龛**，龛上有暗券承重，龛内置放神像(图 2·6·31)。神庙外部造型简洁，内部空间在圆形洞口射入的光线映影之下宏伟壮观并带有神秘感，室内装饰华丽，堪称古罗马建筑的珍品。

2·6·33

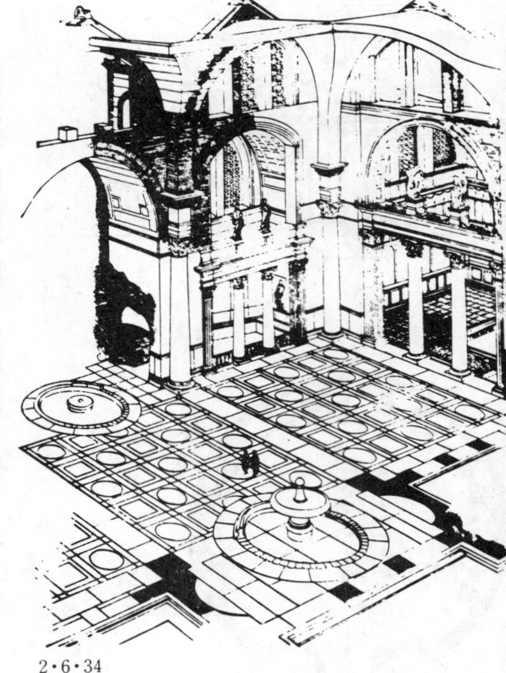

2·6·34

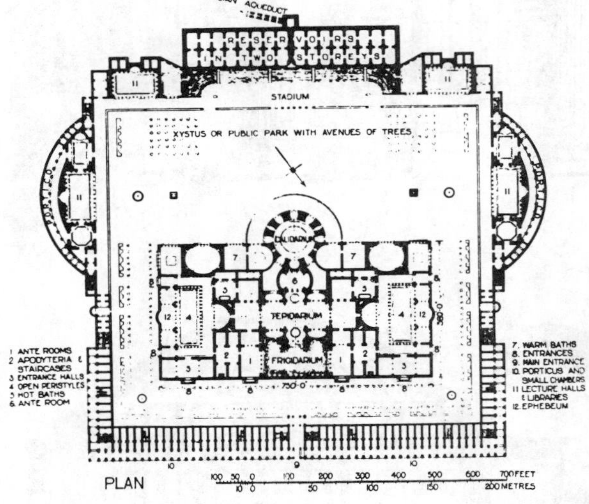

2·6·35

2·6·36

2·6·33—34 卡瑞卡拉浴场的温水浴大厅复原图

2·6·35 总平面图：1. 门厅 2. 更衣室 3. 门厅 4. 柱廊内院 5. 热水浴 6. 前厅 7. 温水浴 8. 入口 9. 大门 10. 门廊与小间 11. 演讲厅与图书馆 12. 运动员室

2·6·36 冷水浴池　　2·6·37 鸟瞰图

2·6·38 剖面图。左：热水浴 中：温水浴 右：冷水浴

2·6·39 戴克利先浴场的温水浴大厅

2·6·33—38

罗马的公共浴场(Thermae)　浴场在古罗马并不单为沐浴之用，而是一种综合有社交、文娱和健身等活动的场所。沐浴的习惯源于东方，到了罗马后成为上层社会必不可少的享受，单在古罗马城已发现有11座。

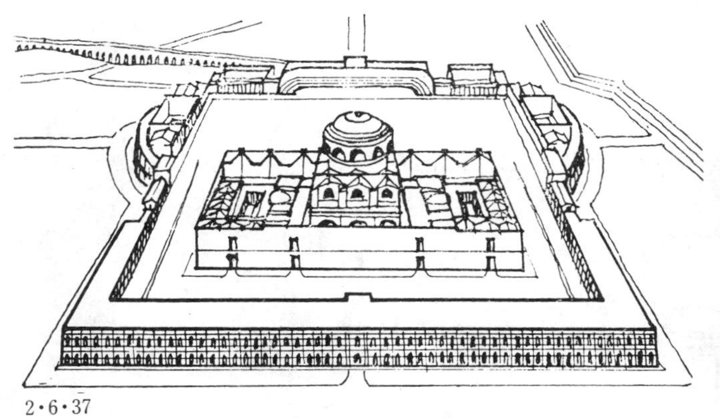

2·6·37

2·6·39

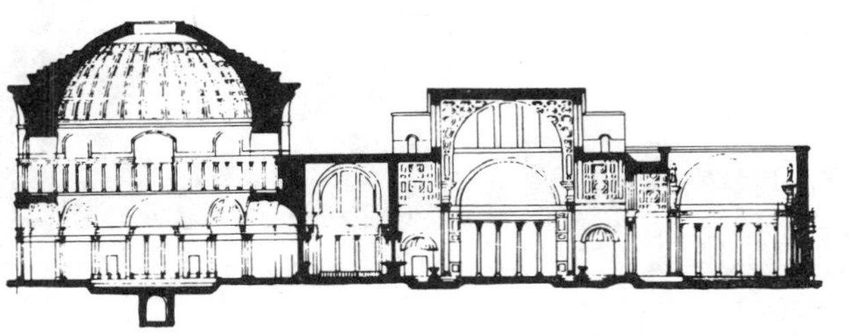

2·6·38

2·6·40

卡瑞卡拉浴场(**Thermae of Caracalla**, 211—217年)是最大的两座之一。浴场总体为575×363米(图2·6·35),中央是可供1600人同时沐浴的主体建筑(图2·6·35,37),周围是花园,最外一圈设置有商店,运动场、演讲厅以及与输水道相连的蓄水槽等。主体建筑为一228×115.82米的对称建筑物,内设冷、温、热水浴三个部分,每个浴室周围都有更衣室等辅助性用房。结构是梁柱与拱券并用,并能按不同的要求选用不同的形式。**冷水浴**(**Frigidarium**,图2·6·36)是一露天浴池,四周墙上装有钩子,可能为拉张帐蓬之用。**温水浴**(**Tepidarium**,图2·6·33,34)的**中央大厅**(55.77×24.08米,高32.92米)顶部是由三个**十字拱**(**Cross Vault**)横向相接而成的,上面的侧窗提供了充分的光线。**热水浴**(**Calidarium**,图2·6·38左部)是一个上有穹窿的圆形大厅,穹窿直径35米,厅高49米,当中是浴池,墙内设有热气管道。室内装饰华丽,并设有许多凹室与壁龛。建筑功能、结构与造型在此是统一的,并创造了动人的空间序列。

戴克利先浴场(**Thermae of Diocletion**, 302年,图2·6·39)比卡瑞卡拉浴场还要大,内容与它相仿。

2·6·40

凯旋门(**Triumphal Arch**)　古罗马纪念性建筑之一种,为炫耀对外战役的胜利而建。常位于城市中心的交通要道上,中央有一个或三个券形门洞,上有大量雕刻装饰。图中所示是在罗马的**塞弗拉斯凯旋门**(**Arch of Septimius Severus**, 203年)。

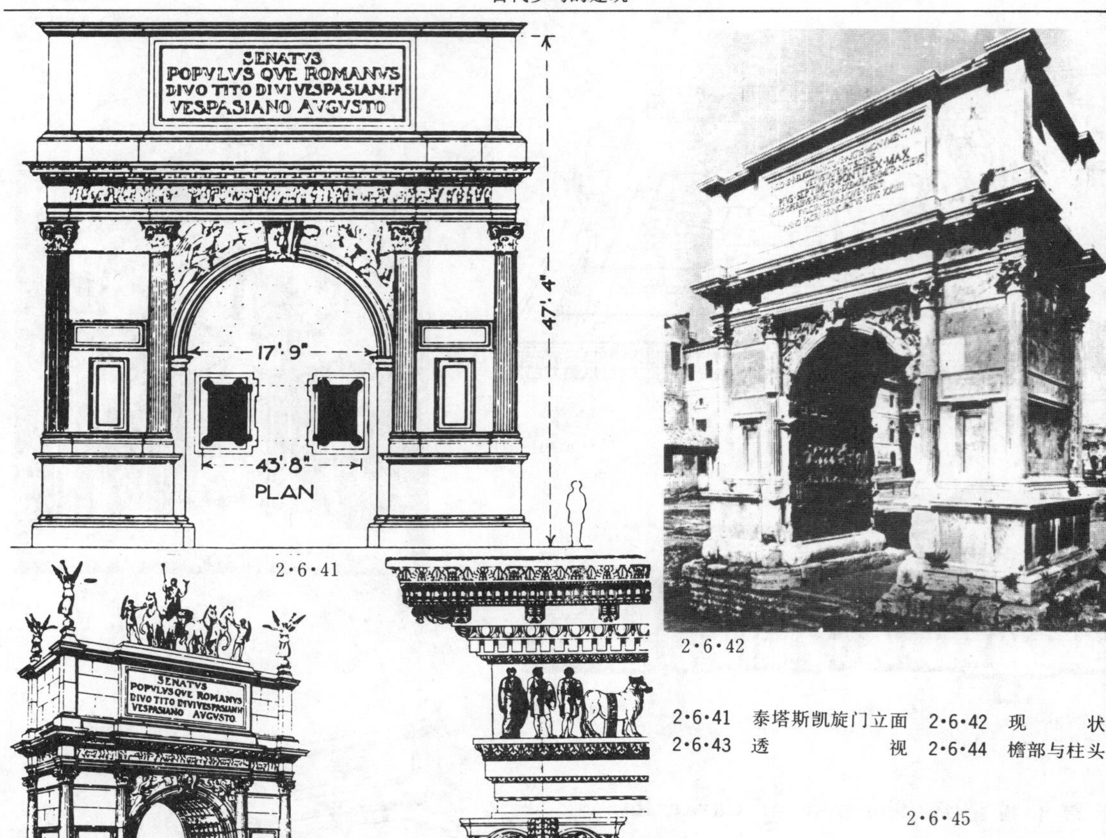

2·6·41 泰塔斯凯旋门立面 2·6·42 现状
2·6·43 透视 2·6·44 檐部与柱头

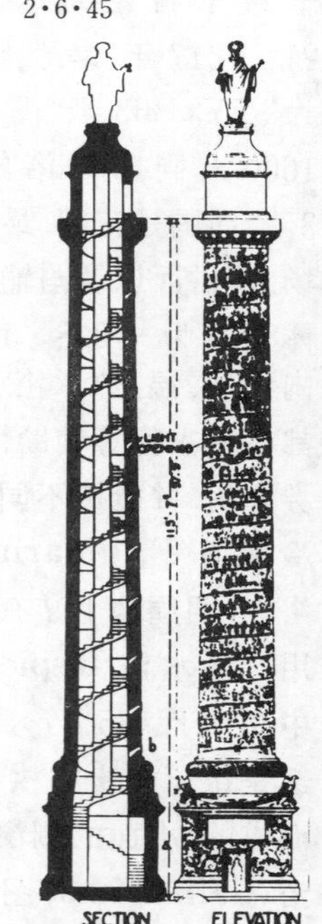

2·6·45

2·6·41—44

罗马 泰塔斯凯旋门(Arch of Titus, 82 年) 罗马皇帝泰塔斯为自己建造的凯旋门,位于从罗曼努姆广场到罗马大角斗场的路上,是**单券洞凯旋门**的典型。建筑体积不大,高 14.4 米,宽 13.3 米(图 2·6·41, 43),外形略近方形,但深度比较大,约 6 米,外加台基与女儿墙较高,给人以稳定、庄严之感。凯旋门为混凝土浇筑,外部用白色大理石贴面,檐壁上刻着凯旋时向神灵献祭的行列。立面上使用的组合柱式(图 2·6·44)是罗马现存的最早实例。

2·6·45

罗马 图拉真纪功柱(Trajan′s Column, 113 年) 位于图拉真图书馆的中央内院中。柱高 29.77 米,连同下面的基座共 35.23 米, 直径 3.71 米。柱身满舖雕刻,内容是图拉真东征的故事。雕刻象一条长带一样,1.17 米宽,绕柱 23 匝,总长 244 米,共有人物 2500 个。柱子中空,内有石梯可盘旋而上。柱顶原有图拉真的立像,1587 年被换为圣彼得像。纪功柱所在的内院很小,长宽只有十余米,人们可以到两旁图书馆的楼上去观察柱身上的雕刻。

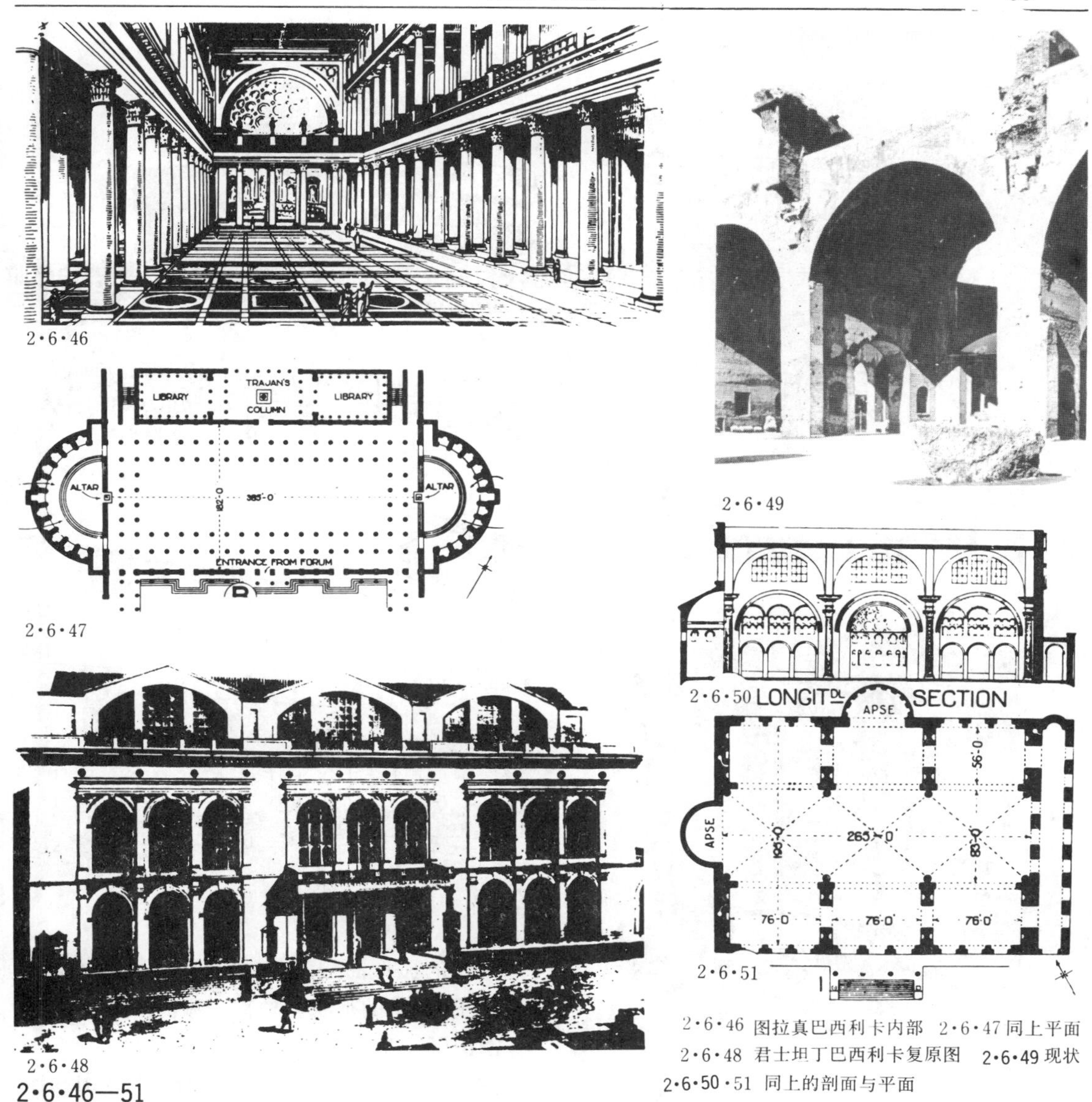

2·6·46 2·6·47 2·6·48 2·6·49 2·6·50 2·6·51

2·6·46 图拉真巴西利卡内部 2·6·47 同上平面
2·6·48 君士坦丁巴西利卡复原图 2·6·49 现状
2·6·50·51 同上的剖面与平面

2·6·46—51

古罗马的巴西利卡(Basilica) 一种综合用作为法庭、交易所与会场的大厅性建筑。平面一般为长方形,两端或一端有半圆形龛(**Apse**, 图 2·6·47, 51)。大厅常被两排或四排柱子纵分为三或五部分。当中部分宽而且高,称为**中厅(Nave**, 又译中央通廊),两侧部份狭而且低,称为**侧廊(Aisle**, 又译侧通廊),侧廊上面常有夹层(图 2·6·46)。图拉真巴西利卡与君士坦丁巴西利卡是古罗马巴西利卡的两个典型例子。巴西利卡的型制对中世纪的基督教堂与伊斯兰礼拜寺均有影响。

图拉真巴西利卡(Basilica of Trajan, 98—112 年, 图 2·6·46—47)位于图拉真广场的北端,与广场、图书馆、纪功柱和神庙密切组合为一个整体。内有两个半圆形龛。

君士坦丁巴西利卡(Basilica of Constantine, 310—313 年, 图 2·6·48—51) 位于罗曼努姆广场旁。大厅平面 80.77×25.30 米, 顶高 36.58 米, 由三个**十字拱**组成。南北侧廊覆以跨度 23.16 米的**筒形拱**。

2·6·52

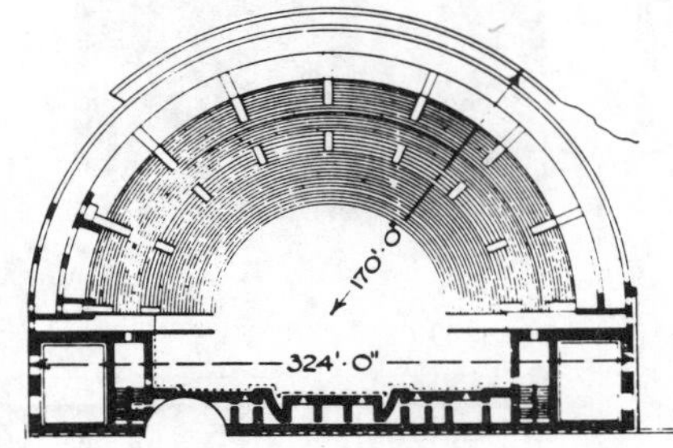

2·6·53

2·6·54

2·6·52—53

奥朗日剧场(The Theatre, Orange, 50 年) 在今法国南部,平面呈半圆形,直径 103.62 米,舞台面宽 61.87 米,深 13.72 米,全场能容纳观众约 7000 人。它说明罗马剧场由于采用了混凝土的拱券结构,已能摆脱地形的限制,把场址选在城市的平地上。

2·6·54

巴勒贝克 圆形神庙(The Temple of Venus, Baalbek 或称 **Heliopolis,** 273 年) 是一外型独特的圆形神庙。直径约 9.75 米,建在一台基上,上有穹窿。檐部由一段段向外

2·6·55

2·6·56

突出的孤形曲线组成,檐下为一圈科林斯式柱子,台基的形状与檐部一致。

2·6·55

罗马 哈德良墓(Mausoleum of Hadrain, 135—140 年) 位于城市西北台伯河西岸。为一直径 73.2 米、高 45.7 米的鼓形建筑,立在一约 90 米见方、高 22.9 米的台基上。该墓在中世纪时被教皇用作为碉堡,称之为"圣使的宫堡"(**Castle of S. Angelo**),现为博物馆。

2·6·56

奥斯蒂亚一公寓的复原图(2 世纪) 古罗马城市中建有许多公寓,供一般市民租用,以楼房居多,有的高达 5 — 6 层,内大多有供分户出租的标准单元。

2·6·57

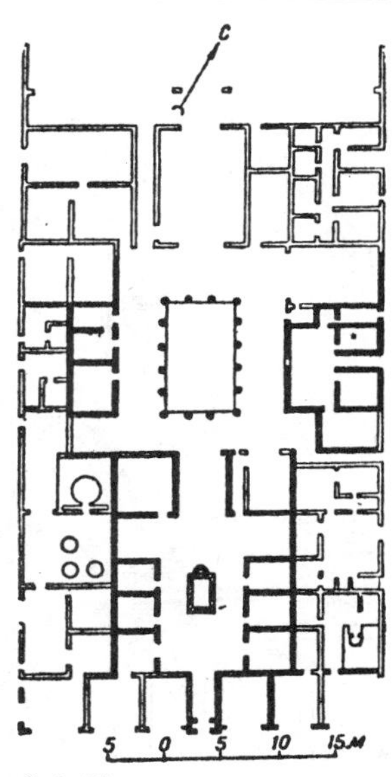

2·6·58

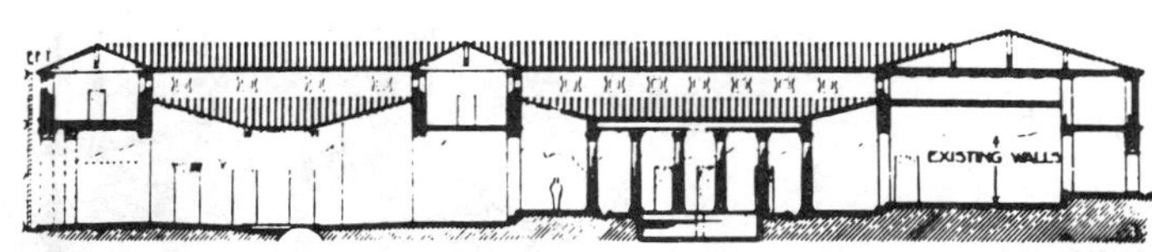

2·6·59

2·6·60

2·6·57

庞培　维蒂府邸(House of Vettii, 1世纪)的**迴廊内院(Peristyle)**中布置花木与小品,周围是列柱迴廊。

2·6·58—60

庞培　潘萨府邸(House of Pansa, 公元前2世纪)　典型的古罗马府邸之一,是一四合院式的住宅。府邸独占市中心附近一个街坊(图2·6·58),南北长97米,东西宽38米。沿着中轴线布置有两进:前面一进的中央是一个上有一矩形采光口,下面与采光口相对处是一个水池的大厅,称为中庭(**Atrium**,或译明厅,图2·6·60);后面一进的中央是一**迴廊内院**(参见图2·6·57)。室内装饰富丽堂皇,墙上壁画颜色鲜艳,地面铺砌彩色大理石。

2·6·61

庞培　银婚府邸(House of Silver Wedding)的中庭。

2·6·61

2·6·62

2·6·63

2·6·64

2·6·65

2·6·62

罗马拱顶(Roman Vault) 拱顶在罗马有很大的发展。通常有**筒形拱(Barrel Vault,** 如图 2·6·62 **A**)和**交叉拱(Intersecting Vault,** 如图 2·6·62 **B.C.D**)两种。交叉拱由两个筒形拱直角相交而成,相交处形成棱沟,又称**棱拱 (Groined Vault)**,它能使内部空间宽敞并利于采光。古罗马拱顶结构多由混凝土浇筑,形式比较自由。图**B**的筒形拱中有部份是棱拱。该棱拱因所相交的两拱跨度相同,棱沟的投影呈正十字形,故称**十字拱(Cross vault)**。图**D**也是一个十字拱。图**C**的相交两拱跨度不一样,为了使拱的上端在同一水平面上,有必要把其一的起拱线提高,其棱沟的投影呈曲线形。

2·6·63—65

罗马券柱式是罗马建筑艺术与技术上一成就,由券同柱式或券同柱式中之檐部与柱子组成: **A**来自罗马大角斗场,82 年; **B**来自万神庙中央神龛,124 年; **C**来自卡瑞卡拉浴场温水浴池,215 年; **D, E, F** 均来自斯普利特宫,300 年。

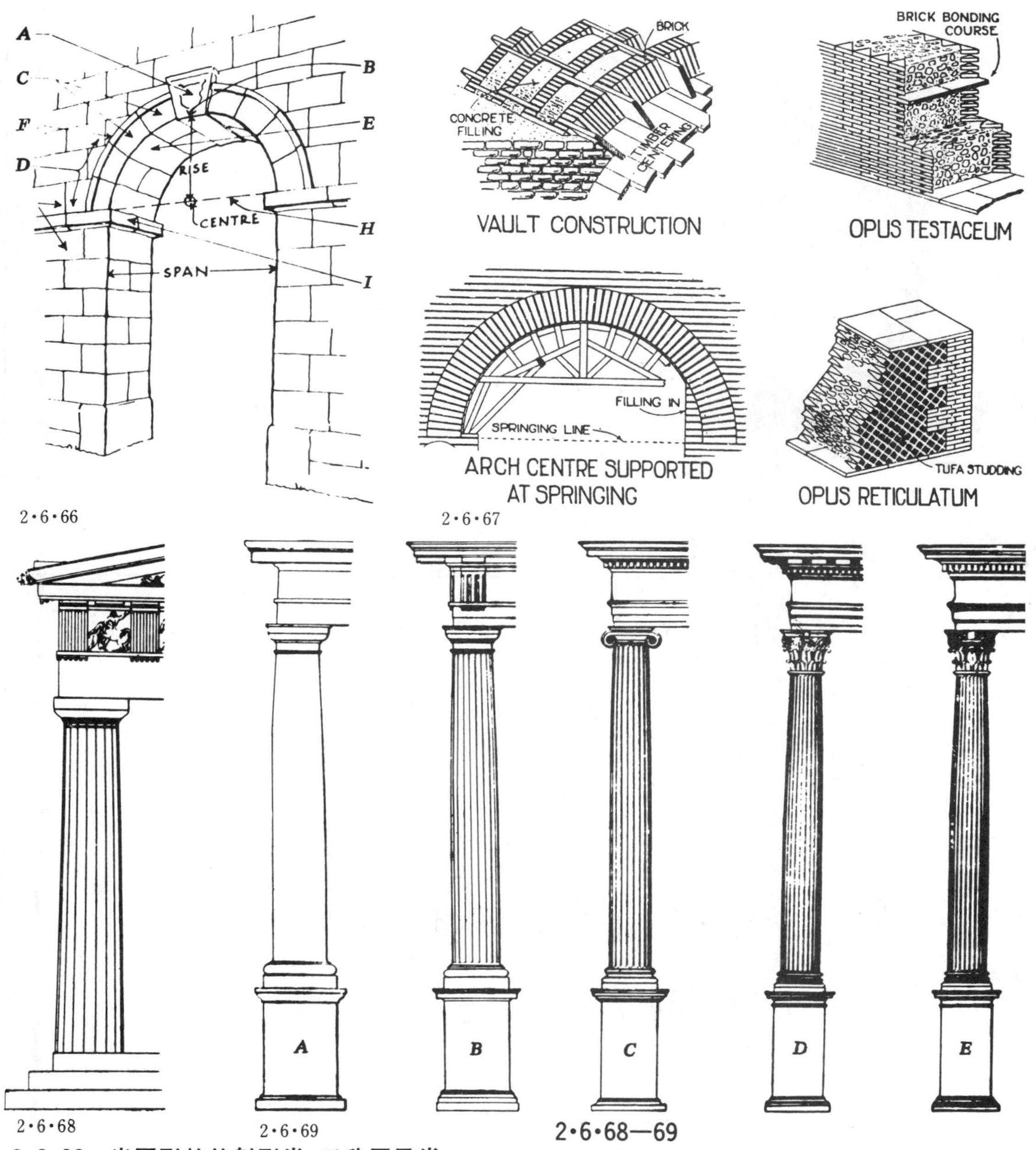

2·6·66 2·6·67 2·6·68 2·6·69

2·6·66　半圆形的放射形券，又称罗马券

A．券心石(Key Stone，又称锁石)

B．券　顶(Crown)　　C．楔形券石(Voussoir)

D．券肩石(Haunch)　　E．券　底(Soffit)

F．券　背(Extrados)　　G．圆　心(Centre)

H．起券线(Springing line)　　I．券底石(Impost)

2·6·67　古罗马的墙与券的施工

上左上：拱的施工　上左下：券的施工

上右上：混凝土墙的三角形石片面饰

上右下：混凝土墙的方锥形石块面饰

2·6·68—69

古典柱式是指古希腊与古罗马的多立克柱式、爱奥尼克柱式、科林斯柱式，罗马的塔司干柱式和组合柱式(又译混合柱式)。关于柱式的内容和希腊柱式见图 2·5·49—53。这里图 2·6·68 为希腊多立克柱式；图 2·6·69 A．塔司干柱式，B．罗马多立克柱式，C．罗马爱奥尼克柱式，D．罗马科林斯柱式，E．组合柱式。

2·7·1

2·7 古代美洲的建筑

(公元前1500年—后16世纪)

古代美洲(今中美与南美西部)同古埃及、西亚、印度、中国与爱琴海沿岸一样,是古代文化的发源地。

公元前二千多年;在中美洲(图2·7·3)由许多讲用不同言语的土著部落建立起来的农业国,其中较为突出的有马雅人(**Maya**)、托尔特克人(**Toltec**)和阿兹特克人(**Aztec**)。以后在公元12世纪左右又在南美洲西部(图2·7·4)出现了印加人(**Inca**)的国家。这些国家的建筑规模之大,形体之雄伟与装饰之丰富曾使16世纪的西班牙侵略者大为吃惊。

2·7·2

2·7·3

古代中美洲地图

图　　拉(墨) Tula
特诺奇特兰(墨) Tenochtitlan
特奥帝瓦坎(墨) Teotihuacan
奇钦·伊查(墨) Chichen Itza
提卡尔(英属洪) Tikal
阿尔万山(墨) Mount Alban
米　特　拉(墨) Mitla

2·7·4

古代南美洲地图

马楚皮克楚(秘) Machu Picchu
库　斯　科(秘) Cuzco

2·7·5

特奥帝瓦坎　太阳金字塔庙(Pyramid of the Sun, Teotihuacan, 约 250 年)
特奥帝瓦坎宗教中心的主要建筑之一。塔高 66 米，五层，底边长宽 213 米余。

古代中美洲的建筑大致可分为三个时期：**文化形成时期**(公元前 1500—后 100 年)的建筑遗迹，有马雅人建于今洪都拉斯的用土堆成的圆锥形与方锥形金字塔。现已发现约 200 余幢，其中有高达 30 余米者。**古典时代**(100—900 年)的建筑遗迹(图 2·7·5—10)突出的有特奥帝瓦坎城和马雅人的提卡尔城。**后古典时期**(900—1525 年)的建筑遗迹(图 2·7·11—15)突出的有托尔特克人的首府图拉城和在尤卡坦半岛上的奇钦·伊查城。后者原属马雅人，12 世纪时被托尔特克人所占，遂成为一综合有两民族文化的宗教中心。此外，阿兹特克人在西部的特诺奇特兰城(今墨西哥城)的建筑异常辉煌，后在西班牙人入侵时全部被毁。最近在墨西哥城宪法广场附近发掘出来的**阿兹特克帝国**(14 世纪是它的鼎盛时期)的“大庙”，是一高 36 米的金字塔庙，基地面积达 16 万平方米。**南美洲的建筑**以印加帝国(图 2·7·16—17)的库斯科城和马楚皮克楚城为最盛。古美洲的金字塔庙与石砌、石雕等说明当时的建筑工艺水平是很高的。

2·7·6

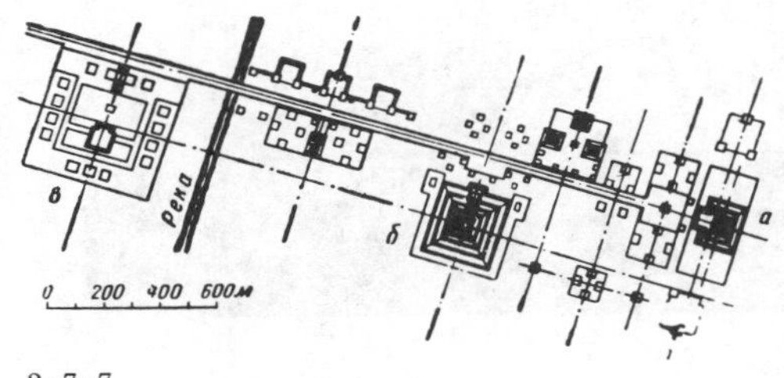

2·7·7

2·7·8

2·7·6

特奥帝瓦坎　“城堡”金字塔庙(The Citadel, 称为城堡是西班牙人对此的误称,3—4世纪)　基地(图2·7·7 **c**)约400米见方,周围是一圈高台,台上分布有金字塔15座,当中是一低于地面的广场。广场东端的方形平台上有前后相连的两座金字塔,前者为羽毛蛇金字塔(图2·7·8)。

2·7·7

特奥帝瓦坎宗教中心是现已知的由马雅人(或说是托尔特克人)建的最大的建筑群,始建于公元前3世纪。内有**月亮金字塔庙**(图中**a**)、**太阳金字塔庙**(图中 **b** 与2·7·5)、**“城堡”金字塔庙**(图中 **c** 与2·7·6、2·7·8)和许多其它建筑。所有建筑整齐地沿着一条长3公里的主轴(称为“死之路”的道路)而布局。

2·7·8

特奥帝瓦坎　羽毛蛇金字塔庙(Pyramid of Quetzalcoatle)　位于“城堡”广场东部,塔身四级,各级墙上整齐地雕有精神饱满的羽毛蛇和雨神的头象,总共336颗。

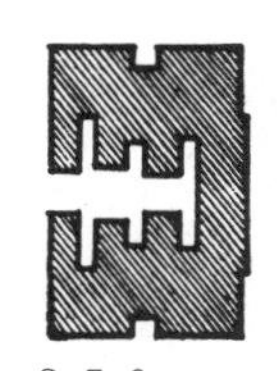

2·7·9

2·7·10

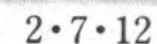

2·7·12

2·7·11

2·7·13

2·7·9—11

提卡尔　2号金字塔庙(**Temple Ⅱ, Tikal,** 约500年)　马雅人在该城建造的五座金字塔庙之一。它与1号金字塔庙面对面地立在城中心广场的两端。塔高约70米,下部三层金字塔高45米。其形式特点(图2·7·11)是级数多,倾斜小,细长比大。塔顶有庙宇,里面有叠涩拱筑成的小殿堂(图2·7·9)。

2·7·12

图拉　晨星金字塔庙(**Temple of Tlahuiz Calpantecuhtli,** 约1100年)　位于托尔特克人首府图拉市中心广场的一端,建在一低平的四级金字塔上。塔前与广场边柱子林立,可能原是一规模不小的迴廊。庙宇入口有三个门洞,由两根羽毛蛇象柱(类似图2·7·13)所支承。殿堂结构梁柱式,由四根木雕人象柱和四根方形石柱所支承。

2·7·13

奇钦·伊查　战士金字塔庙(**Temple of the Warriors,** 约1100年)　是由马雅人和托尔特克人先后建立的该宗教中心的主体建筑,其设计与图拉城的晨星金字塔庙(图2·7·12)雷同。塔前广场边也有许多柱子,塔顶庙宇入口处也有两根羽毛蛇象柱——蛇头在地上,蛇身翘起至梁下。

2·7·14

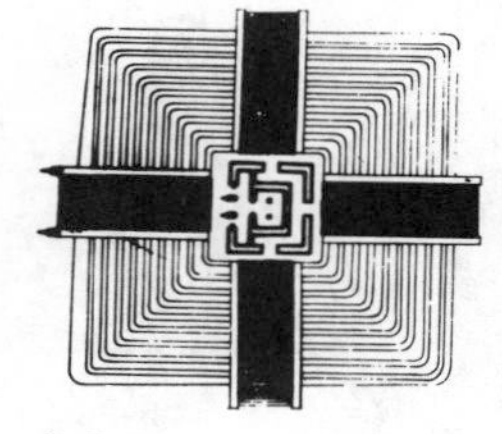

2·7·15

2·7·16

2·7·17

2·7·14—15

奇钦·伊查　卡斯蒂略金字塔庙(Castillo, 意即城堡,西班牙人之误称,12 世纪,)　位于战士金字塔庙南侧,高约 24 米,九级,四面对称,各有梯阶 364 级,加上台基共 365 级(与年日相符)。庙宇入口在北面,朝向广场。三个门洞之间各有两根羽毛蛇象柱。

2·7·16

马楚皮克楚城(Machu Picchu 约 1500 年)　印加帝国(12—16 世纪)的城堡之一,当地的居住与宗教中心,也是要塞。城堡用精心琢磨的大石块密缝砌成,布局紧随地形而起伏。房屋长方形,两坡顶,厚石墙上有可置放物件的壁龛。

2·7·17

提亚华纳科　太阳门(Tiahuanaco, 在秘鲁,12—13 世纪)　印加帝国提亚华纳科城宗教建筑群中唯一保存较好者。门高约 3 米,宽约 3.8 米,用整块大石建成。上雕有一形象逼真而又相当抽象的狮子头,周围是几何形图案,刀法洗练。

第三篇

中古封建制国家的建筑

3·1·1

中古封建制国家的建筑包括上自5世纪罗马帝国崩溃时起，下至18世纪中叶欧洲资产阶级革命时止，历时约13个世纪的欧洲与亚洲主要国家的建筑。

西罗马帝国的灭亡(476年)标志着地中海国家奴隶制度的终结、封建制度的开始，也显示了亚洲西部与南部从奴隶制向封建制的过渡。历史上将此作为上古史与中古史的分界线。

3·1 拜占廷建筑与中古俄罗斯建筑

(4—16世纪)

4世纪，罗马帝国由于奴隶制度危机、国家政权腐败、国内经济破产、反奴隶制斗争迭起与外族趁机入侵等等，几濒灭亡之境。公元330年罗马皇帝君士坦丁迁都到帝国东部的拜占廷(**Byzantium**)，命名为君士坦丁堡，企图利用东方的财富与奴隶制度的相对稳定来苟延残喘。但迁都未能挽救危机。公元395年罗马帝国分裂为东西两个帝国。西罗马帝国定都拉文纳(**Ravenna**)，后于476年为日耳曼人所灭。东罗马帝国以君士坦丁堡为中心，因欧洲经济重心东移而保持繁荣，经过几度盛衰，到1453年为土耳其人所灭。

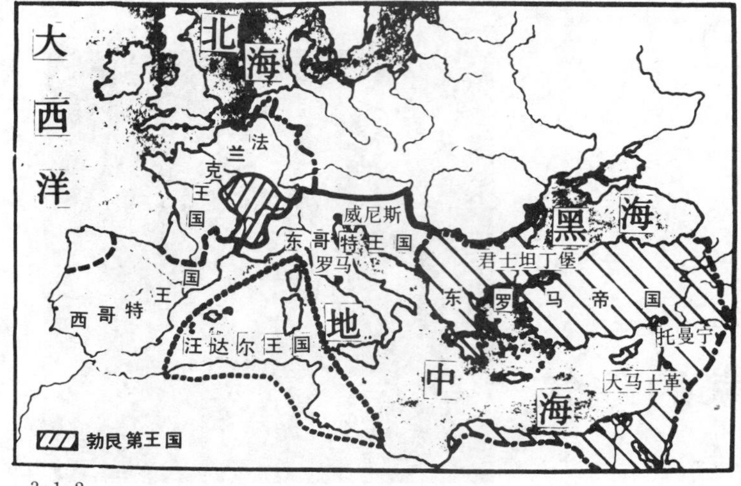

3·1·2

拜占廷帝国地图

(4—8 世纪时)

威尼斯(意) **Venice**
罗马(意) **Rome**
君士坦丁堡(土) **Constantinople**
托曼宁(叙) **Tourmanin**
大马士革(叙) **Damascus**

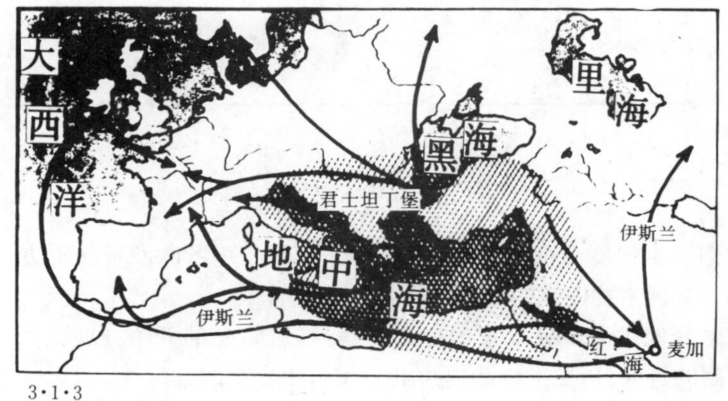

3·1·3

东方建筑对西欧的影响

(公元 5—10 世纪)

图中的格子区是受拜占廷建筑影响最大的地区。箭头说明拜占廷建筑曾对其东、北、西方产生影响。

拜占廷原是古希腊与罗马的殖民城市,故东罗马帝国又习称拜占廷帝国,其建筑也称**拜占廷建筑**。它的版图以巴尔干半岛为中心,包括小亚细亚、地中海东岸和非洲北部(图 3·1·2)。

拜占廷建筑(图 3·1·4—20)可按其国家的发展分为三大阶段。**前期,**即兴盛时期(4—6 世纪),主要是按古罗马城的样子来建设君士坦丁堡。建筑有**城墙、城门、宫殿、广场、输水道与蓄水池**等。基督教(返回东方后称为正教)是其国教,**教堂**越建越大,越建越华丽,以至 6 世纪出现了规模宏大的以一个大穹窿为中心的圣索非亚教堂(图 3·1·9—15)。**中期**(7—12 世纪),由于外敌相继入侵,国土缩小,建筑减少,规模也大不如前。其特点是占地少而向高发展,中央大穹窿没有了,改为几个小穹窿群,并着重于装饰。如威尼斯的圣马可教堂(天主教堂,图 3·1·17—19)和基辅的圣索非亚教堂(正教教堂,图 3·1·21—23)就是这种风格在西方与北方的反映。**后期**(13—15 世纪),十字军的数次东征使拜占廷帝国大受损失。这时建筑既不多,也没有什么新创造,后来在土耳其入主后大多破损无存。

拜占廷建筑是古西亚的砖石拱券、古希腊的古典柱式和古罗马的宏大规模的别具特色的**综合**。特别是在拱、券、穹窿方面,**小料厚缝**的砌筑方法使它们形式灵活多样。**教堂格局**大致有三: 巴西利卡式; 集中式(平面圆形或多边形,中央有穹窿); 十字式(平面十字形,中央有穹窿,有时四翼上也有)。此外用彩色云石琉璃砖镶嵌和彩色面砖来装饰建筑也是其特色。

3·1·4

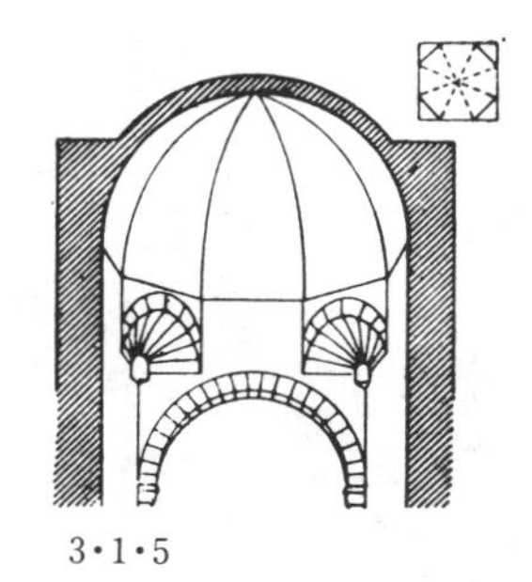
3·1·5

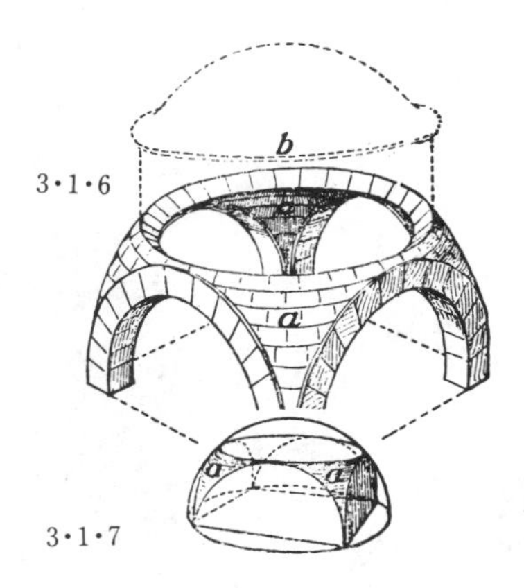

3·1·6
3·1·7

3·1·8

3·1·4
拜占廷地区常见的建筑：下面是一立方体，上面是穹窿。

3·1·5—7
拜占廷建筑在以穹窿复盖立方体空间中创造了用**抹角拱**(**squinch**，图 3·1·5)或**帆拱**(**pendentive** 图 3·1·6 **a**)作为过渡的方法。图 3·1·6 中的 **a** 是帆拱，**b** 是穹窿。图 3·1·6 称为**帆拱上的穹窿**(**dome on pendentives**)。抹角拱的作用与帆拱同。

3·1·8
叙利亚 托曼宁教堂(**Church in Tourmanin**，6 世纪初) 拜占廷帝国早期的**巴西利卡式教堂**的重要实例。其结构同西方的早期基督教教堂(图 3·5·6—7)没有多大区别。但正立面左右各有一对塔楼；塔楼之间夹着柱廊和拱券。这种立面构图当时在小亚细亚和东欧较为普遍，可能曾对后来 10—15 世纪西欧的罗马风和哥特教堂有过影响。

东欧与俄罗斯国家的建筑(图 3·1·21—33)在风格上同拜占廷建筑接近。因为斯拉夫人早在 5 世纪时便在军事上同拜占廷经常接触，9 世纪时又皈依了基督教，并在文化上效法拜占廷。然而一个民族或国家的建筑是脱离不开社会实际与民族文化的。故风格虽近似但仍各具特色。**中古俄罗斯建筑**大致分为两个时期：**基辅——罗斯国家的建筑**(11—14 世纪)和**莫斯科公国的建筑**(15—16 世纪)。前者的教堂常有浑圆饱满、富有生气的葱头形穹顶，如在诺夫哥罗德的圣索非亚教堂(图 3·1·24)。后者则除了穹顶外还有来自民间建筑的帐蓬顶，如在科洛敏斯基的伏兹尼谢尼亚教堂(图 3·1·25—26)、莫斯科红场南端的华西里·柏拉仁诺教堂(图 3·1·27—28)和莫斯科克里姆林(图 3·1·29—33)。16 世纪后，随着彼得大帝提倡向当时先进的西欧学习，俄罗斯建筑走向西化(见 3·6)

3·1·9

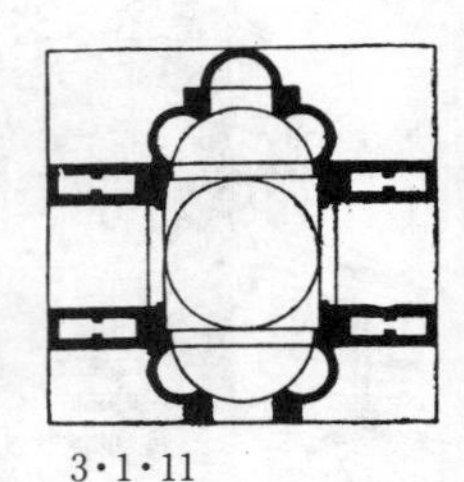

3·1·11

3·1·10

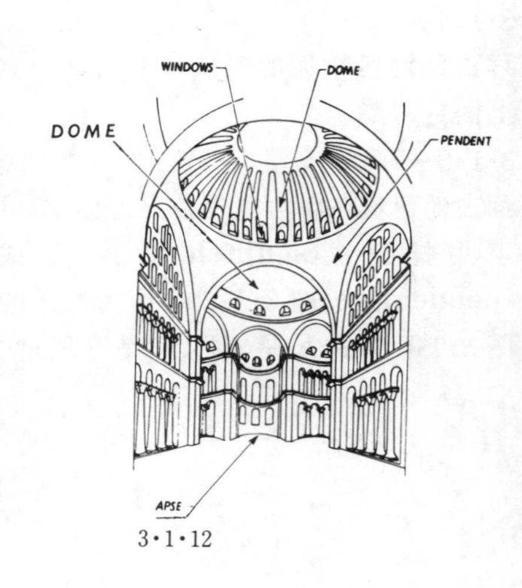

3·1·12

3·1·9—15

君士坦丁堡 圣索非亚教堂(S. Sophia, 532—537年) 拜占廷帝国的宫廷教堂。平面(图3·1·13)长方形,布局属于以穹窿复盖的**巴西利卡式**。中央穹窿突出,四面体量相仿但有侧重。前面有一个大院子,正面入口有二道门廊,末端有半圆神龛。**大厅**高大宽阔,适宜于隆重豪华的宗教仪式和宫廷庆典活动。**结构系统**复杂而条理分明。**中央大穹窿**,直径32.6米,穹顶离地54.8米,通过**帆拱**(**Pendentive**)支承在四个大柱墩上(图3·1·11—12)。其横推力由东西两个**半穹顶**及南北各两个大**柱墩**来平衡。内部空间(图3·1·10)丰富多变,穹窿之下、券柱之间,大小空间前

3·1·9　教堂外观
3·1·10　大厅内部
3·1·11　结构布置示意
3·1·12　大厅组成部分示意
3·1·13　教堂平面
3·1·14　教堂立面与剖面
3·1·15　内部多种柱头之一

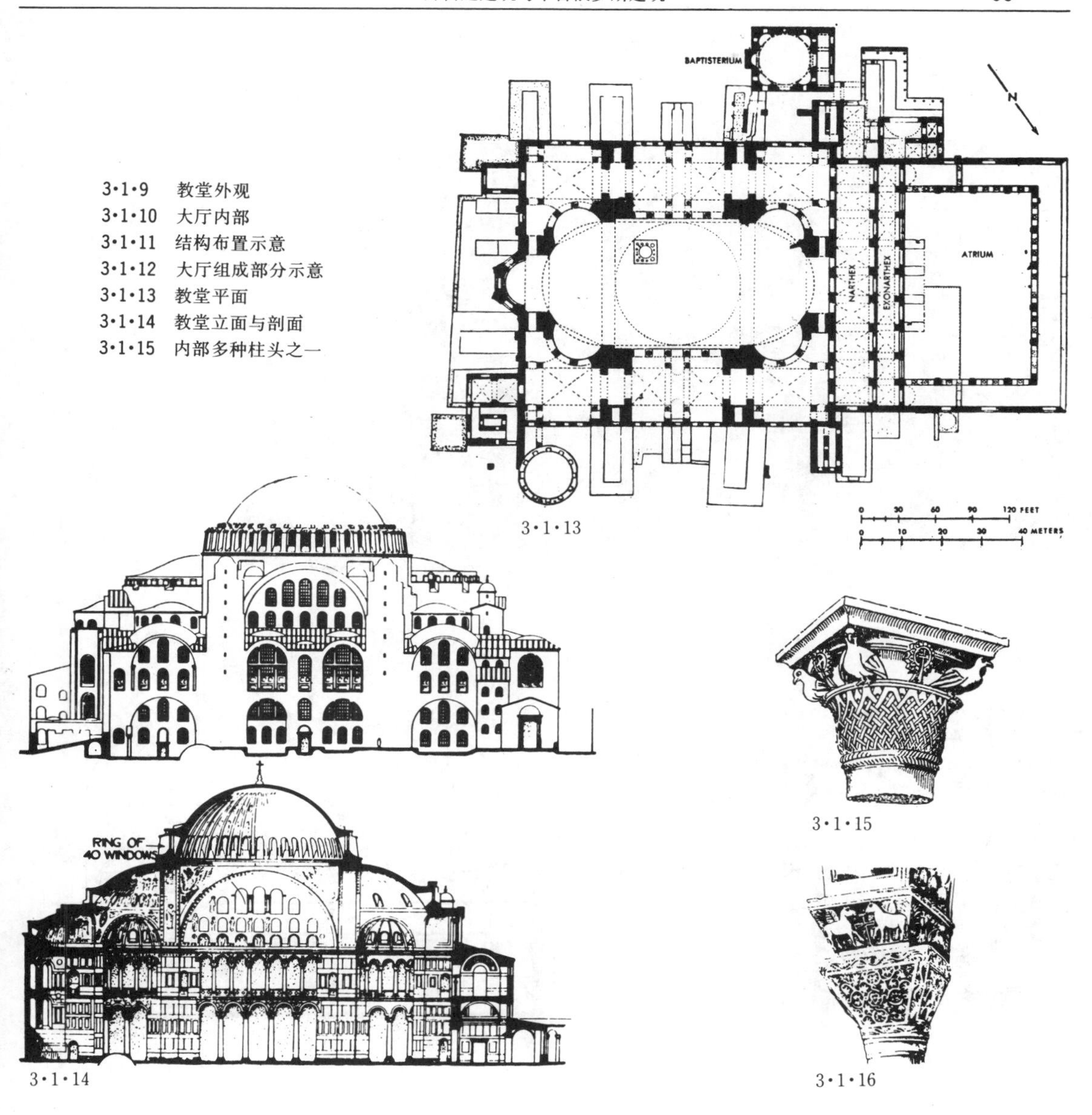

3·1·13

3·1·14

3·1·15

3·1·16

后上下相互渗透。穹窿底部密排着一圈 40 个窗洞，光线射入时形成幻影，使大穹窿显得轻巧凌空。厅内部饰有金底的彩色玻璃**镶嵌画**。外型雄伟稳重，墙面用陶砖砌成，灰浆很厚，具有早期拜占廷建筑的特点。设计人为小亚细亚人安提莫斯和伊索多拉斯(**Anthemius of Tralles and Isidorus of Miletus**)。15 世纪后土耳其人将此改为礼拜寺，在其四角加建邦克楼。1935 年又改为博物馆。它的建筑成就对当时和后来的建筑影响很大。

3·1·16

拜占廷建筑中常见的**斗形柱头**(图取自拉文纳的圣维达尔教堂，**S. Vitale, Ravenna**)

3·1·17

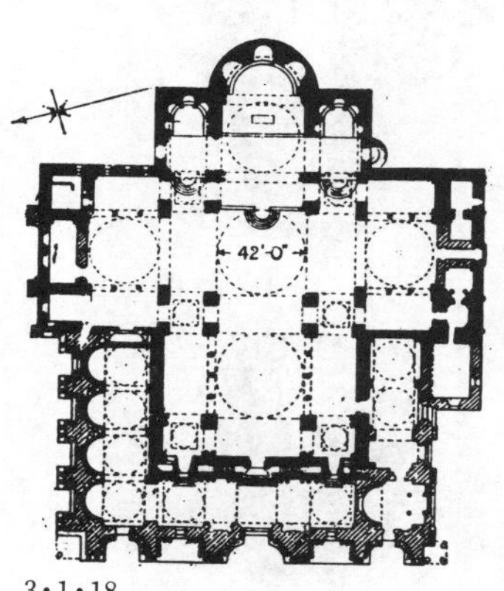

3·1·18

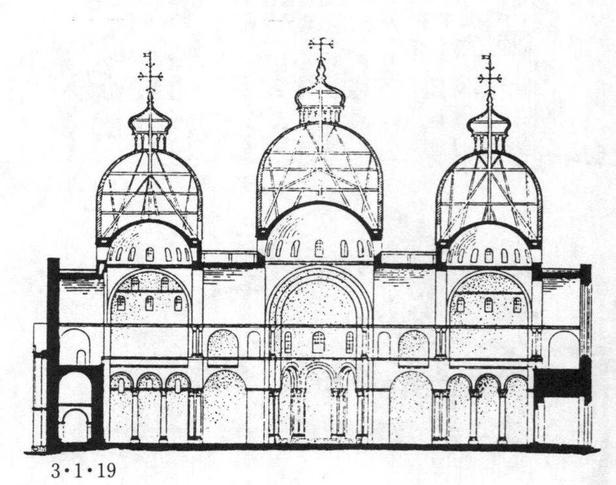

3·1·19

3·1·17—20

威尼斯　圣马可教堂(S. Marco, 1063—85年)　拜占廷建筑风格在西方的典型实例。教堂布局属十字式(图3·1·18)。它的五个穹窿,中央与前面的较大,直径12.8米,余三个较小。穹窿由柱墩通过帆拱所支承,底部有一列小窗(图3·1·20)。为了使穹窿外型高耸,在原结构上面加建了一层鼓身较高的木结构穹窿(图3·1·19)。内部空间以中央穹窿下部为中心,穹窿之间用筒形拱连接,相互穿插,融成一体。内墙彩色云石贴面,拱顶及穹窿均饰有金底彩色镶嵌画。内外装修,经历年增建,趋于华丽。今所见的穹窿顶端的冠冕式塔顶、尖塔、壁龛等是12—15世纪间加建的。

3·1·20

3·1·21

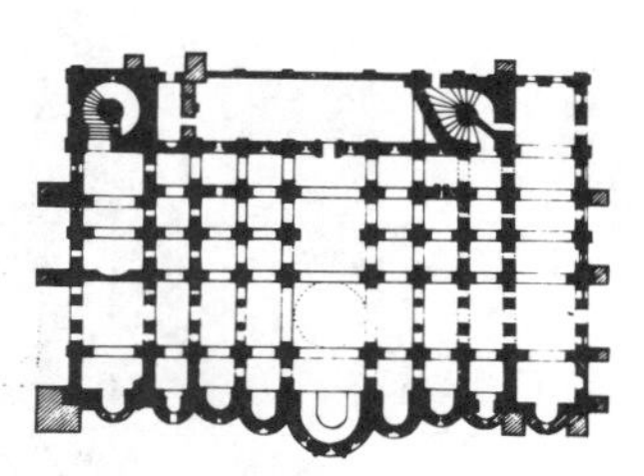
3·1·22

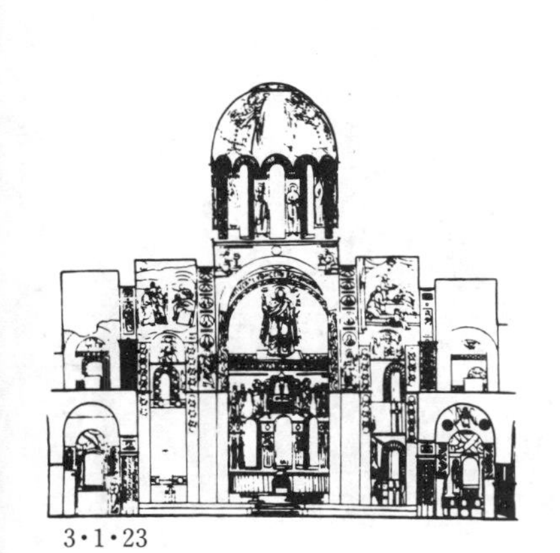
3·1·23

3·1·24

3·1·21—23

基辅　圣索非亚教堂(S. Sophia, Kiev, 1017—1037年)　早期俄罗斯建筑的典型实例。公元8—9世纪,原定居于东欧的东斯拉夫部落建立了以基辅为中心的封建制的基辅罗斯公国。斯拉夫人一向同拜占廷帝国在经济、军事、宗教、文化等方面有密切联系。建国后,在各地建造了许多综合有拜占廷经验同斯拉夫传统相结合的教堂,基辅的圣索非亚教堂是其一。教堂平面紧凑(图3·1·22)近乎长方形,东面有五个半圆形神坛。外形墙厚窗小,有13个立于高鼓座上、规模不大、高低参差的穹窿(图3·1·21)。整个建筑具有浓厚的后期拜占廷建筑风格,是由希腊工匠建造的。内部装饰主要是湿粉画、其中也有些彩色镶嵌画(图3·1·23)。

3·1·24

诺夫哥罗德　圣索非亚教堂(S. Sophia, Novgorod, 1045—1052年)　基辅罗斯公国的又一重要实例。建在城中河边高地诺夫哥罗德克里姆林的中央。教堂墙面抹着白灰,上面矗立着五个大穹顶,外观庄严、简朴,但构图仍欠完整。内部有很好的湿粉画。此时俄罗斯教堂在技术与艺术上,虽较粗拙,但追求气派,具有一定的纪念性。

3·1·25

3·1·27

3·1·28

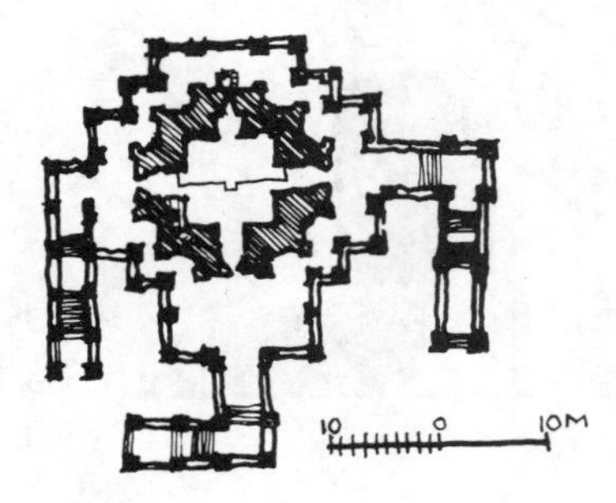

3·1·26

3·1·25—26

科洛敏斯基　伏兹尼谢尼亚教堂(Вознесения, Коломенском, 1532年)　在莫斯科附近,为纪念伊凡雷帝诞生而建,是具有俄罗斯独特民族风格的"**帐蓬顶**"教堂的典型实例。

教堂是一高塔式建筑,石砌成,立于宽展的用白色的基座上。塔高约62米,底部平面(图3·1·26)十字形,上部为八角形,两部之间用船底形的尖券装饰作过渡(图3·1·25),顶部冠以帐蓬式的八角形尖塔。整个建筑造型自下而上逐渐缩小,挺拔向上。内部空间极窄,只60余平米,显然教堂并不全为进行宗教仪式之用。

3·1·27—28

莫斯科　华西里·柏拉仁诺教堂(Храм Васили Блажено, 1555—1560年)　位于克里姆林宫外红场南端,是俄罗斯中后期建筑的主要代表。16世纪中叶,伊凡雷帝为纪念战胜蒙古侵略者而建。建筑风格独特,内部空间狭小(图3·1·27),着重外形,较象一座纪念碑。中央主塔是帐蓬顶,高47米,周围是8个形状色彩与装饰各不相同的**葱头式穹窿**(图3·1·28)。建筑用红砖砌成,以白色石构件装饰,大小穹窿高低错落,色彩鲜艳,形似一团烈火,具有强烈的节日气氛。建筑师是 **A.** 巴尔马(Барма)和波斯尼克(Посник)。

3·1·29

3·1·30

3·1·31

3·1·32

3·1·29—33

莫斯科　克里姆林(Кремль, 意即卫城,莫斯科克里姆林建于15世纪末)　原是莫斯科公国的卫城,16世纪中叶起成为沙皇的宫堡。其平面接近三角形(图3·1·30),四周围以围墙、塔楼及碉堡。内部是一组由宫殿、教堂及钟楼等组成的建筑群。**乌斯平斯基教堂**(Успенский Собор, 1475—1479年,图3·1·29左,3·1·30中,3·1·32左)是王公举行登位仪式的场所。入口门洞饰有柱子,正面墙上腰部有连列的盲券,顶上有五个俄罗斯的葱形穹窿,反映了西方罗马风同拜占廷风格的结合。**伊凡钟塔**(Колокольня Ивана Великого, 1508—1560年),平面八角形(图3·1·32),外形象一座巨大的白色石柱,上有金色穹顶(图3·1·29中,3·1·32中3·1·30中右)。它们是当时俄罗斯建筑艺术的结晶。

3·1·33

斯巴斯基钟塔(Спасская Башня, 1625年)　莫斯科克里姆林宫墙上的塔楼之一。初建于15世纪,平面正方形,系石砌,原作防御之用,17世纪加建尖塔,1937年又在上面置红星,现成为莫斯科城的标志。

3·1·33

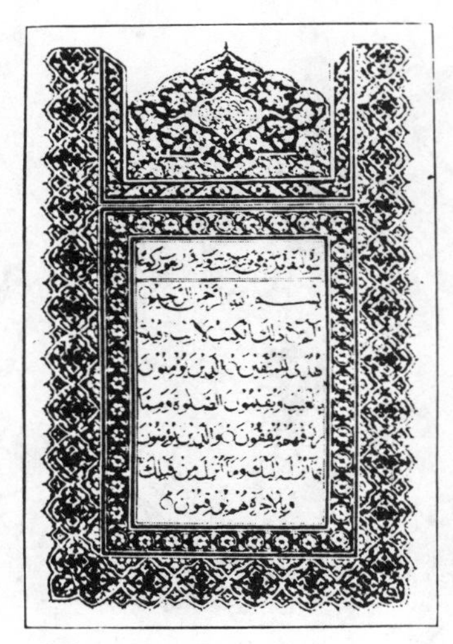

3·2·1

3·2 中古伊斯兰建筑

（7 —18 世纪）

中古伊斯兰教国家的建筑主要包括 7—13 世纪的阿拉伯帝国的建筑(图 3·2·3—25)，14 世纪以后的奥斯曼帝国的建筑(图 3·2·31—35)和 16—18 世纪的波斯萨非王朝的建筑(图 3·2·26—30)。至于印度与中亚其他伊斯兰教国家的建筑在此就不叙述了。

622 年，在阿拉伯半岛出现了历史上第一个信奉伊斯兰教的国家。这个国家在伊斯兰教的创始人穆罕默德于公元 630 年统一了阿拉伯半岛后，不断向外扩展；到 8 世纪成为东及印度、西至西班牙，版图横跨亚非欧三洲的阿拉伯帝国(图 3·2·2)。

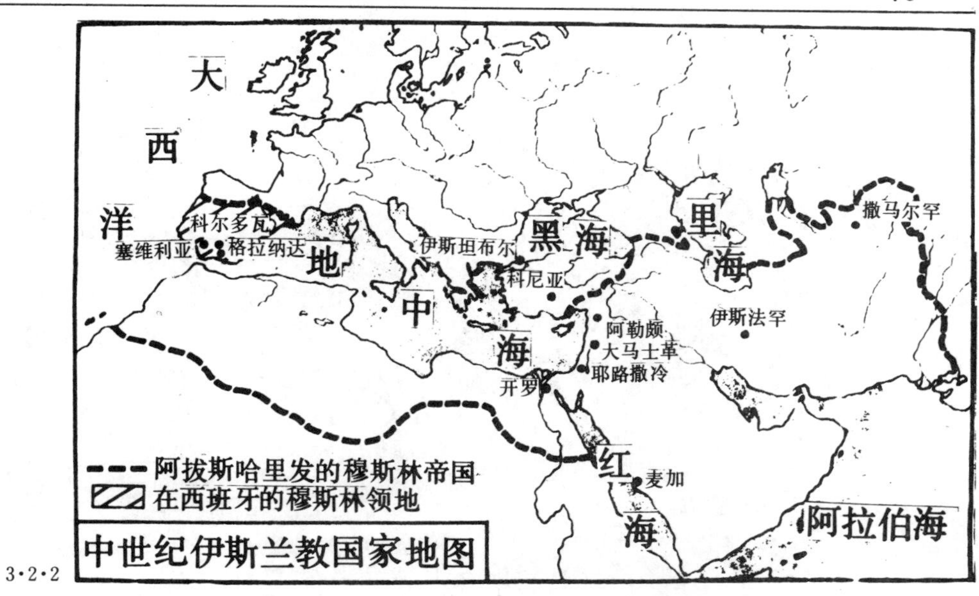

3·2·2

中古阿拉伯帝国地图

塞维利亚(西)	**Seville**	科　尼　亚(土)	**Konia**	阿　勒　颇(叙)	**Aleppo**
科尔多瓦(西)	**Cordova**	开　　罗(埃)	**Cairo**	麦　　加(沙特)	**Mecca**
格拉纳达(西)	**Granada**	耶路撒冷(巴勒)	**Jerusalem**	伊斯法罕(伊朗)	**Isfahan**
伊斯坦布尔(土)	**Istanbul**	大马士革(叙)	**Damascus**	撒马尔罕(苏)	**Samarkand**

阿拉伯帝国的首都原在麦地那，后迁到大马士革(661—750 年)。8 世纪中叶，帝国开始分裂成为以巴格达为中心的巴格达哈里发王国(750—1055 年，又称东萨拉逊帝国，即黑衣大食)和以科尔多瓦为中心的科尔多瓦哈里发王国(756—1236 年，即白衣大食)，其后又有以开罗为中心的南萨拉逊帝国(973—1171 年，即绿衣大食)。巴格达在 8—9 世纪中叶，开罗和科尔多瓦在整个十世纪均曾是世界上重要的经济与文化中心，先后建起了许多规模宏大的建筑，主要有城寨、礼拜寺(我国习称清真寺)、王宫、经学院、墓寺、图书馆与澡堂等。然而帝国内战频繁，又累遭突厥与蒙古人的入侵，故留存至今者不多。特别是巴格达城，到 13 世纪已成为废墟。

12 世纪，来自中亚的突厥人开始侵入阿拉伯帝国，并在西亚、北亚与小亚细亚各国建立突厥人的国家。其中**奥斯曼土耳其帝国**，于 1453 年攻克君士坦丁堡，推翻了东罗马帝国，并把它的疆土扩大到巴尔干半岛南部。突厥人善于把被它所征服的阿拉伯国家的文化作为自己的文化，于是土耳其伊斯兰建筑也就遍及小亚细亚和东欧部分地区。

16 世纪，被阿拉伯与土耳其先后统治了几百年的波斯民族重新复兴，建立了**萨非(Safavid)王朝**(1502—1722，1729—1736)。 古波斯建筑传统原本是伊斯兰建筑的重要组成部分，此时更得到了发展。

伊斯兰建筑风格，如在立方体房屋上覆盖穹窿，形式多样的叠涩拱券、彩色琉璃砖镶嵌与高耸的邦克楼等等，其来源可追溯到古代西亚洲，并曾直接受到古波斯萨桑王朝建筑的影响。在阿拉伯帝国时期，东西方文化的交流，如拜占廷建筑的庞大规模、印度的弓形尖券和精工细镂的雕刻又大大地丰富了它，使它成为建筑历史中一个综合有东西方文化的独特体系。

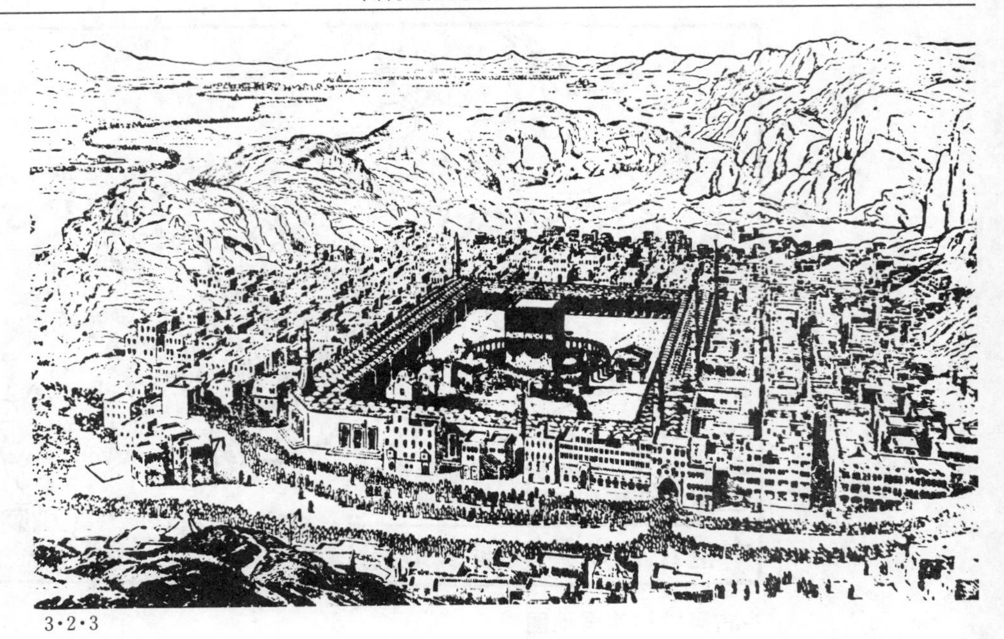

3·2·3

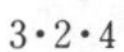

3·2·4

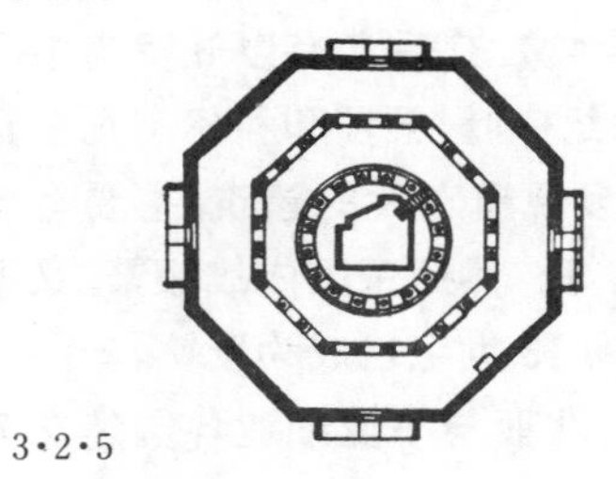

3·2·5

3·2·6

3·2·3

麦加　克尔白(Kobah,意译立方体,又称天房)　伊斯兰教的最高圣地。“麦加朝圣”(朝觐镶在克尔白东墙上一块被认为是神圣的黑石)是伊斯兰的教例。至今每年朝圣者仍以数十万计。克尔白最初是一圈围墙,其平面尺寸约 16×11 米,中有圣泉;后经历代哈里发与苏丹扩建,成为现存样子。

3·2·4

穆斯林礼拜时必须面向麦加的克尔白,这就决定了清真寺寺内**圣龛(Mihrab)**的朝向与部位。

3·2·5—8

耶路撒冷　奥马尔礼拜寺(Omar Mosque, 688—692 年,又名**圣岩寺**)　大马士革哈里发时期两座最大的礼拜寺之一(另一是大马

3·2·7

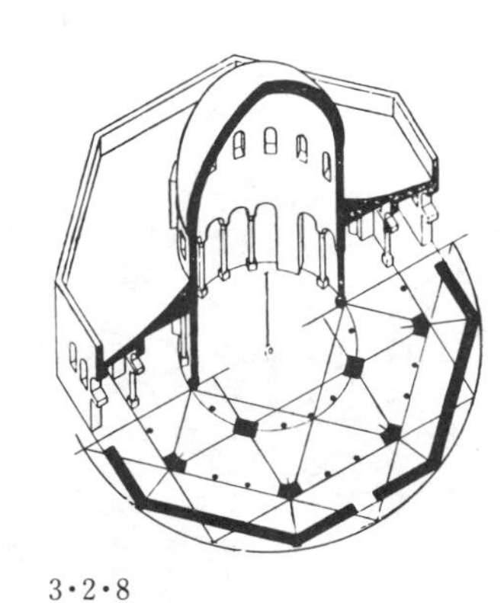

3·2·8

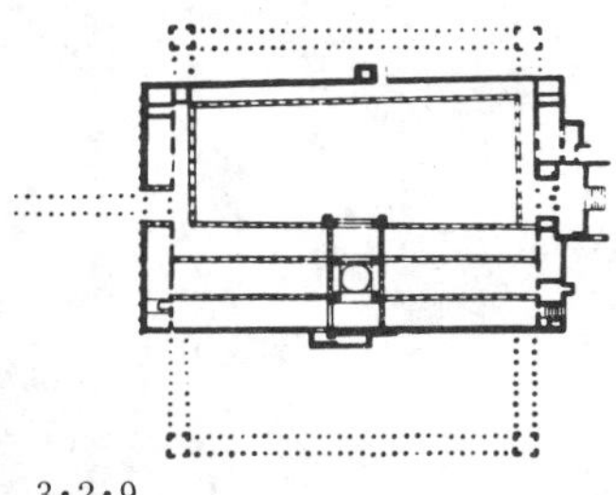

3·2·9

3·2·10

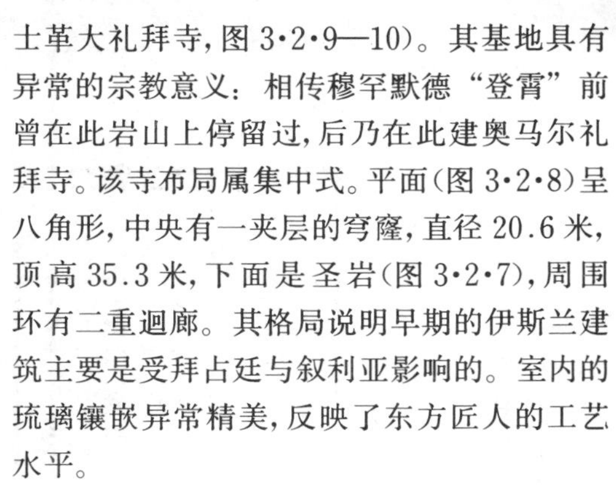

士革大礼拜寺,图 3·2·9—10)。其基地具有异常的宗教意义:相传穆罕默德“登霄”前曾在此岩山上停留过,后乃在此建奥马尔礼拜寺。该寺布局属集中式。平面(图 3·2·8)呈八角形,中央有一夹层的穹窿,直径 20.6 米,顶高 35.3 米,下面是圣岩(图 3·2·7),周围环有二重迴廊。其格局说明早期的伊斯兰建筑主要是受拜占廷与叙利亚影响的。室内的琉璃镶嵌异常精美,反映了东方匠人的工艺水平。

3·2·9—10

大马士革大礼拜寺(The Great Mosque, Damascus, 又称倭马亚 **Umayyads** 礼拜寺,706—715 年)　建于王宫旁,兼是哈里发的接见场所。布局(图 3·2·9)为巴西利卡式,但比例宽而浅。礼拜殿 136×37 米,圣龛位于南墙正中,前面上有穹窿。内院 122.5×约 50 米,周围有列券迴廊。

3·2·11

3·2·11

萨马拉大礼拜寺(The Great Mosque, Samarra, 848—52 年,在今伊拉克)　现存的巴格达哈里发时期最早的建筑遗迹。平面 238×155 米,中有内院,基地上共有柱子 464 根。寺北有螺旋形**邦克楼(Minaret)**,高 50 米。

3·2·12

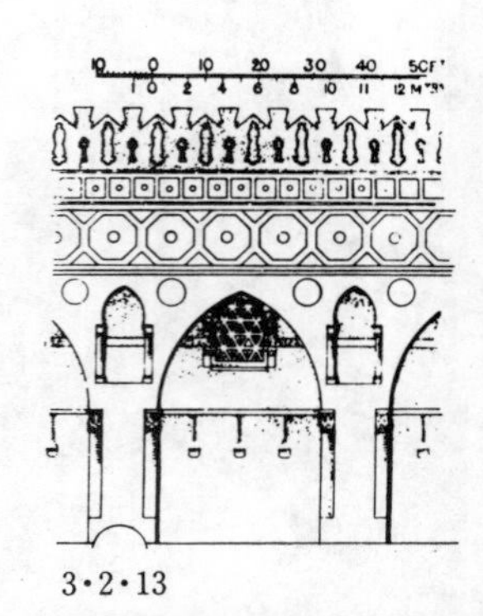
3·2·13

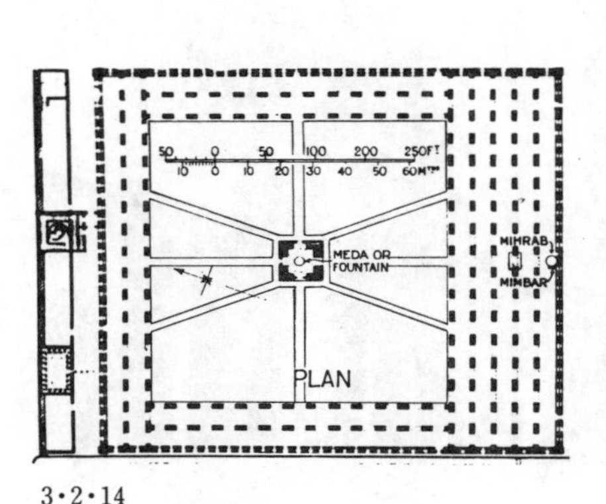

3·2·14

3·2·15

3·2·12—14

开罗　伊本·土伦礼拜寺(Ibn Tulan Mosque, 876—79 年) 内院迴廊式礼拜寺的代表。礼拜寺(图 3·2·14)140×122 米,当中内院约 90 米见方。院一端是宽而浅的礼拜殿,三面是迴廊,全部以砖墩承重(图 3·2·13)。礼拜殿高度约 20 米,由于门面宽而显得很低。内院中央有供穆斯林礼拜前净身用的泉亭(图 3·2·12)。泉亭格式为西亚传统的立方体上建穹窿。迴廊外面有一平面方形的螺旋形邦克楼。

3·2·15—18

科尔多瓦　大礼拜寺(The Great Mosque, Cordora, 785—987 年)　世界上最大的礼拜寺之一。曾经三次扩建(图 3·2·16),扩建后礼拜殿为 126×112 米。13 世纪时被改为基督教堂,15 世纪时中央部分又被划为圣母升天教堂,迄今只有室内局部尚存原样。殿内高度不到 10 米,柱子林立,光线暗

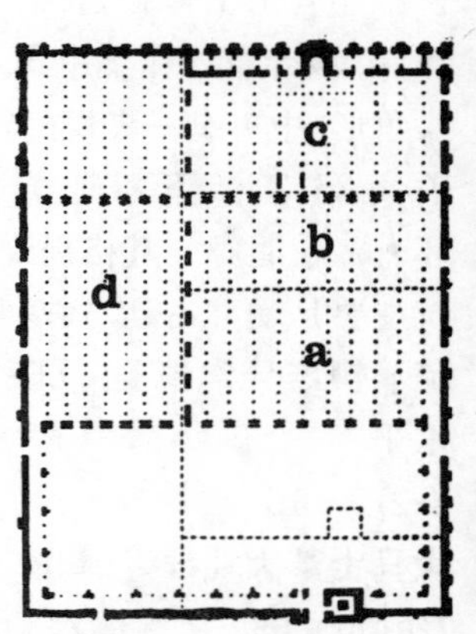

3·2·16

a.建于 785—787 年
b.扩建于 848 年
c.扩建于 961—966 年
d.扩建于 987 年

3·2·17

3·2·18 为大礼拜寺外观。

淡。柱上支承着两层重叠的马蹄形券(图 3·2·15,17),券用红砖和白色云石交替砌成。圣龛前的复合券(图 3·2·15)是该寺的另一特色,上有华丽的琉璃镶嵌。该寺在规模与艺术上都反映了科尔多瓦是当时欧洲经济与文化中心的盛况。

3·2·19

塞维利亚 风标塔(Giralda, 1195 年)原是一大礼拜寺的邦克楼。16 世纪西班牙人在上添建亭台并装有风标,故名。下面部分为科尔多瓦哈里发时期所建,在简洁粗壮的墙身上砌有精致的阿拉伯图案,拙中有细,手法精炼。

3·2·19

3·2·20

3·2·23

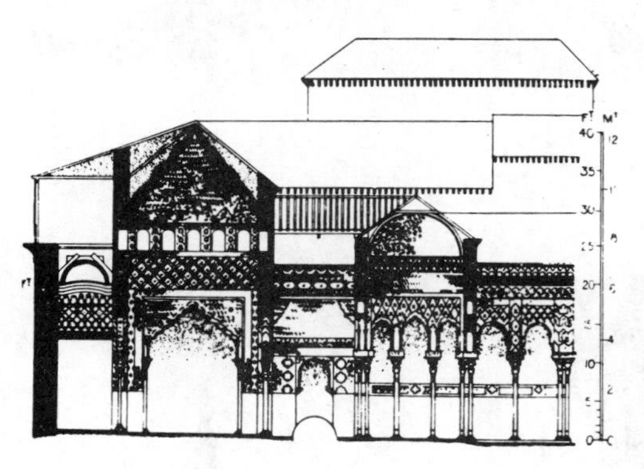

3·2·21

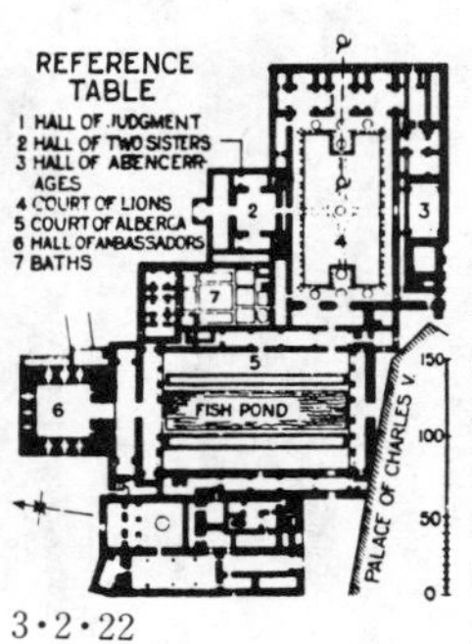

3·2·22

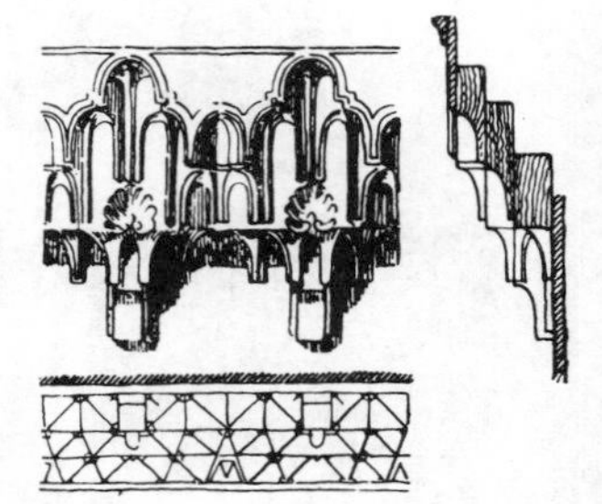

3·2·24

左：阿尔汗布拉宫平面图：
1. 议事厅
2. 两姊妹厅——苏丹的居室
3. **Abencerrages**（一王族名）厅
4. 狮子院（35×20）米
5. 玉泉院，又称石榴院（42×23）米
6. 大使厅，上有高 45 米的方塔
7. 浴室

左左：平面图中的 **a—a** 剖面。

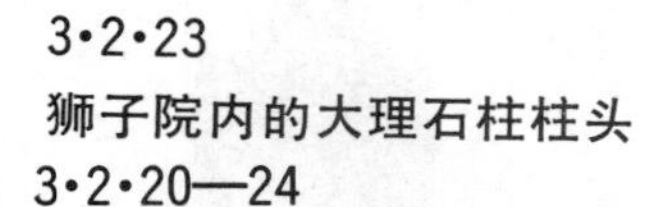

3·2·23

狮子院内的大理石柱柱头

3·2·20—24

格拉纳达　阿尔汗布拉宫（Palace of the Alhambra，又称红宫，1338—90 年）　格拉纳达山头上一组大宫堡中的一部分，为来自北非的柏柏尔人伊斯兰王朝所建。它由两个大院（狮子院与玉泉院，图 3·2·22），四个小院和周围的房屋组成。在建筑上极尽华丽之能事。其拱券的形式与组合，墙面与柱子上的钟乳拱与铭文饰（图 3·2·23—25）都达到极高的水平，是西班牙穆斯林建筑艺术的代表。其中最受称赞的是狮子院（图 3·2·20），内有 124 根纤细的白色大理石柱，支承着周围的马蹄形券迴廊，墙上布满精雕细镂的石膏雕饰。中央有一座由 12 头古拙的石狮组成的喷泉，水从狮口喷出，流向周围的浅沟。

3·2·25

3·2·26

3·2·27

3·2·28

3·2·24—25

钟乳拱(Stalactite)又称**蜂窝拱**,由一个个层叠的小型半穹窿组成(图 3·2·24)。在结构上起出挑作用,在造型上起装饰作用。图 3·2·25 是大使厅墙面上的钟乳拱与**铭文饰**。

3·2·26—29

伊斯法罕　皇家礼拜寺(Masjid-i-Shah, 1612—1638年)　位于市中心皇家广场南面。其正轴线朝向麦加,与广场轴线形成一个侧角。由礼拜殿、内院与半穹窿形门殿组成。门殿高墙的两端是一对邦克楼(图 3·2·27)高 41 米,半穹窿处砌有钟乳拱(图 3·2·28)。它和礼拜殿上的尖顶穹窿均饰有各色的琉璃镶嵌。该寺的造型与装饰均居波斯伊斯兰建筑首位。

3·2·29

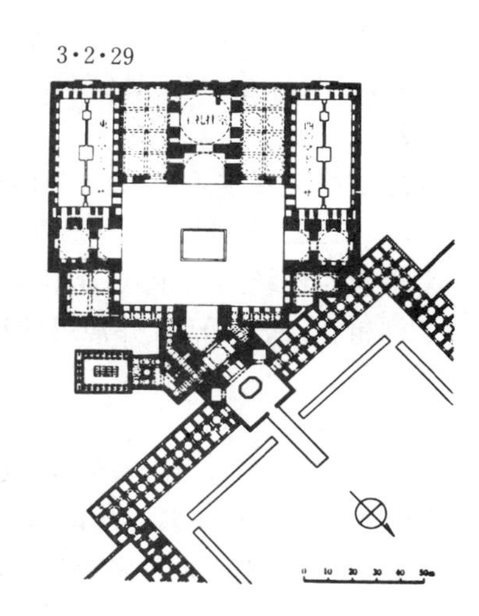

3·2·30

3·2·31

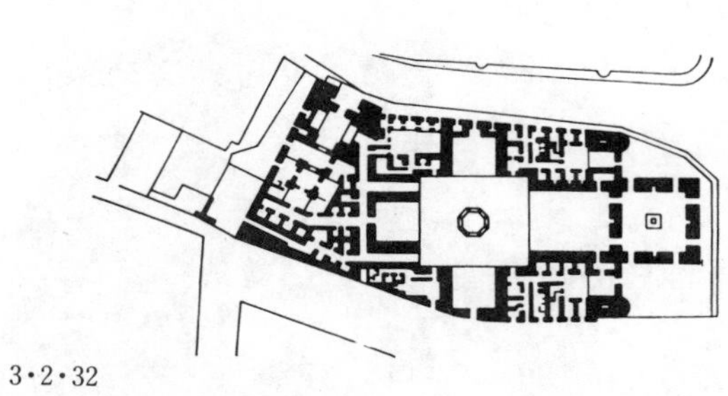

3·2·32

3·2·33

3·2·30

伊斯法罕　王母经学院(Madrassa-Madar-i-Shah 1706—1714年)其形式与皇家礼拜寺相仿。礼拜殿上的穹窿与它的鼓座镶嵌有精致的阿拉伯图案与铭文饰。

3·2·31

科尼亚　某经学院的大门(Indash Minare, 1258—1262年)早期土耳其伊斯兰建筑大多采用西亚传统的集中式,但在装饰上则不同:纹样粗壮,凹凸分明,并常用独特的绞绳状图案。

3·2·32—33

开罗　苏丹哈桑礼拜寺(Madrassa and Tomb of Sultan Hassan, 1356—1363年)埃及伊斯兰建筑的杰出代表,虽建于土耳其苏丹统治时期,但充分反映了埃及伊斯兰建筑的另一特色:内院周围并无迴廊而是四个开敞的广厅,东广厅(图3·2·32右)后面有28米见方的墓堂,上有尖顶穹窿,顶高55米,两旁有邦克楼,其一高81.6米。图3·2·33为东立面。

3·2·34

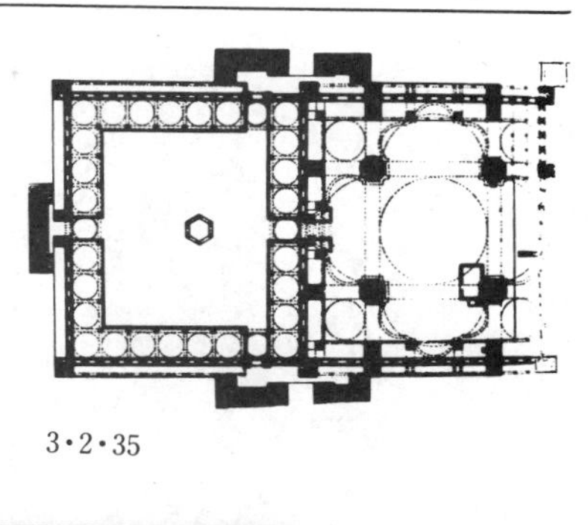

3·2·35

3·2·36

3·2·34—35

伊斯坦布尔　阿赫默德一世礼拜寺
(**Mosque of Ahmed I,** 1610—1616年)
土耳其人入主君士坦丁堡后以圣索非亚大教堂为兰本而建者之一。其中央大穹窿由四根大圆柱和四个半圆穹窿所支承(图3·2·35),以下随着平面的逐层扩大又覆盖有许多大小穹窿。周围有邦克楼六座。

3·2·36—37

城市民居常拥挤地建在狭窄的街道两旁,大多为二、三层,中有内院(图3·2·37),有些院内有水池。为了隔热,外墙经常很厚,墙上偶而挑出一两个木制窗台(图3·2·36右,3·2·37左,3·2·39)。上左为土耳其一民居,右为开罗一民居。

3·2·37

3·2·38

3·2·40

3·2·41

3·2·39

3·2·42

3·2·38

阿勒颇城的城寨(Alleppo) 伊斯兰国家抵抗西欧十字军11—13世纪东侵的诸城寨之一。城寨建在城中一高约50米的小山头上，周围有宽26米、深22米的城濠。全寨仅在南侧有一个入口，入口通过筑有桥头堡的石桥与城门联系。

3·2·39—41

用拱来出挑是伊斯兰建筑结构与装饰中一大成就。图3·2·39是用来支承窗台；图3·2·40是开罗一由许多小半穹出挑成的**钟乳拱**(参见图3·2·24)；图3·2·41是出挑点。

3·2·42

几种常见的伊斯兰建筑中的券：**A.**撒拉逊式尖券(**pointed Saracenic**)**B.**马蹄形券(**horseshoe**)**C.**弓形券(**ogee**)**D.**三叶形券(**round trifoliated**)**E.**复叶形券(**multifoil**)

3·3·1

3·3　中古印度与东南亚的建筑

（8—19 世纪）

中古印度（包括今巴基斯坦与孟加拉）与东南亚国家的建筑是指这些国家与地区（图 2·3·2）在 8—19 世纪的建筑。

印度自笈多帝国崩溃后便分裂成为无数的小国。12 世纪后从西面来的土耳其穆斯林占据了印度北部；14 世纪末信奉伊斯兰教的蒙古人又在印度建立了莫卧儿帝国。因此中世纪的印度既有原当地民族的建筑，也有伊斯兰建筑。

印度的建筑遗产在**莫卧儿帝国以前**留存下来的以**印度教**与**耆那教**寺庙为主。因印度佛教自 5 世纪便逐渐被婆罗门教所同化，而婆罗门教经过改革至 8 世纪改称印度教。这些寺庙因国家长期分裂，形式各异。就印度教寺庙而言大致有三类：北部的印度雅利安式，又称那加式（**Nagara**，语系名），因主要代表在奥里萨邦（**Orissa**），又称奥里萨式（图 3·3·4）；中部的曷萨拉式（**Vesara**，王朝名，图 3·3·2—3）；南部的达罗毗荼式（**Dravidian**，语系名，图 3·3·6）。**莫卧儿帝国时期**遗留下来的建筑（图 3·3·9—12）以**伊斯兰**礼拜寺与陵墓居多，也有一些宫殿。

3·3·2

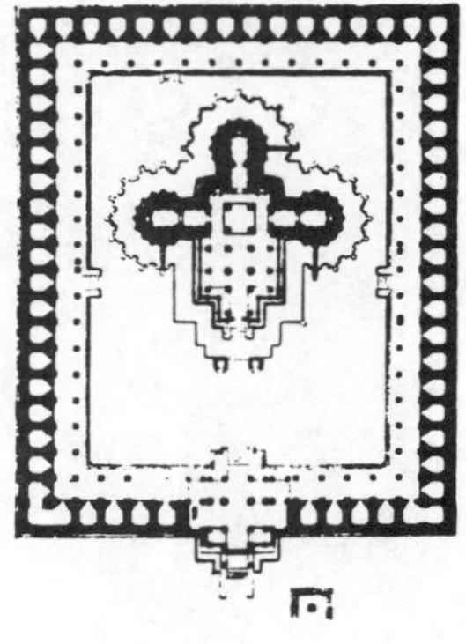
3·3·3

锡兰、缅甸、柬埔寨、爪哇、尼泊尔等很早便同印度、中国有往来。佛教虽自5世纪起便在其发源地印度消失，但却成为这些国家与地区的主要宗教。当时建造的极其辉煌的石建佛教建筑(图3·3·14—21)至今尚存。

印度与东南亚这些国家自19世纪初先后分别沦为葡萄牙、荷兰、英国与法国的殖民地与半殖民地，直至第二次世界大战后才相继重获独立。

3·3·2—3

松纳特普尔　卡撒伐寺(Kesava Temple, Somnathpur, Kesava 神名，1268年)　印度中部曷萨拉式**印度教寺庙**的典型实例。主殿大门东向，下面是一形状与房屋轮廓一致的大坪台(图3·3·2)。平面十字形，东西约26.5米，南北约25米，由一长方形大殿和三个星形小殿堂组成。小殿堂上塔形屋顶顶高约9.3米。内院迴廊后面有64间小殿堂。

3·3·4

科纳拉克　太阳寺(Temple of the Sun, Kanarak, 1250年，又名黑塔)　印度北部奥里萨式**印度教寺庙**中最大与最杰出的例子。由一座内有神殿的高塔(**Vimana**，高约68米)和一座上有方锥形屋顶的前厅(**Jagamohana**，边长约30米，高约30米)组成。基座旁刻有象征太阳神神车的马匹和车轮。建筑形体匀称，雕刻精致，构图上垂直与水平、繁复与简单巧妙组合。现塔已倒。前厅内则塞满了用以稳定的沙土。

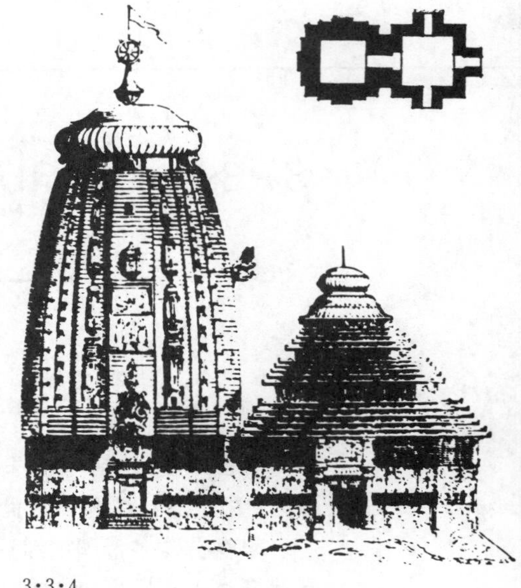
3·3·4

3·3·5

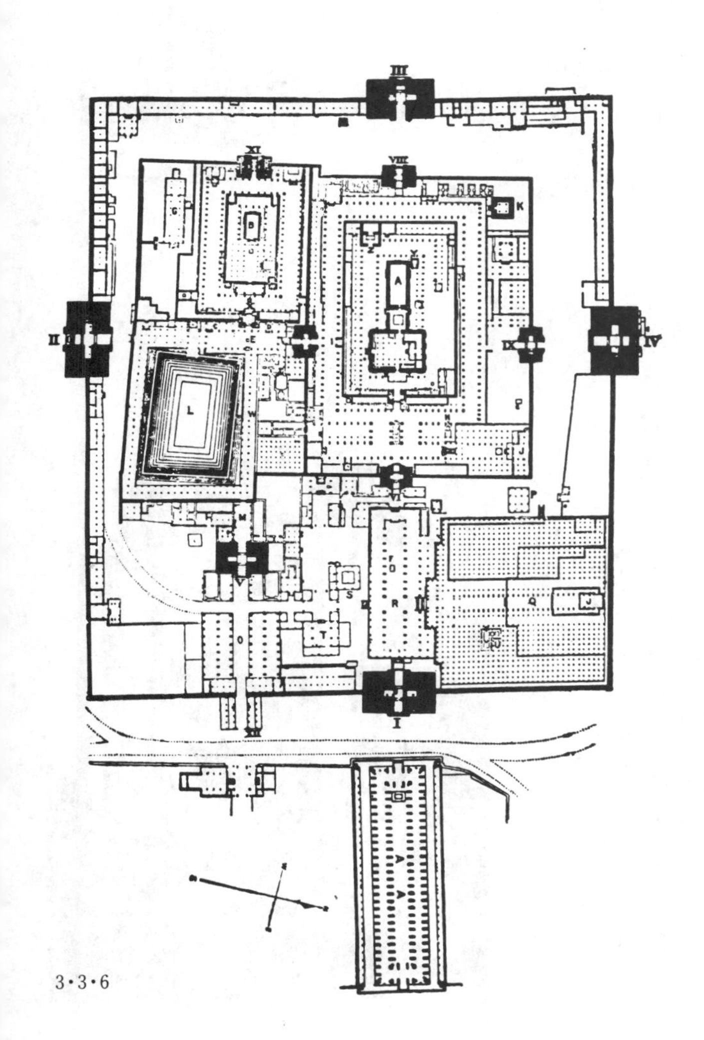

3·3·6

3·3·5—6

马杜赖大寺(Great Temple, Madurai, 17世纪) 南部**印度教“寺庙城”**的代表,在南方,这样的宗教建筑群不下30个。大寺周围约260×222米,内有寺庙卅余座。主庙在当中。寺院兼作堡垒用,外面围墙重重。主要围墙上建有哥普兰门塔(**Gopura**)。塔呈方锥形,身上密檐式地精雕了无数人物雕像,顶上以卷棚形屋脊结束。这种型制可能是从早期南方的婆罗门庙宇发展过来的(参见图2·3·15),但至此已另具特色。该寺共有哥普兰10座,外墙的4座高约46米。在其它寺院中有高达60米的。

3·3·7

阿部山 维马拉寺(Vimala Temple, 国王名,**Mount Abu,** 1032年) 现存最早与最完整的**耆那教寺**。图为神殿前院中央的八角亭。直径7.62米,檐口离地3.65米,穹窿顶高约9米,全部用白色大理石建成,亭内布满雕刻。

3·3·7

3·3·8

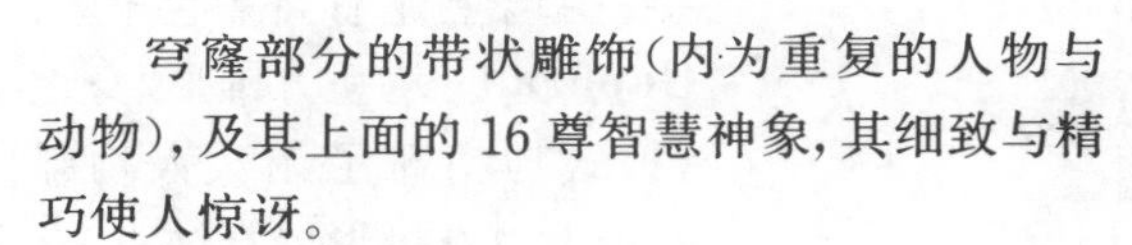

穹窿部分的带状雕饰(内为重复的人物与动物),及其上面的16尊智慧神象,其细致与精巧使人惊讶。

3·3·8

德里　库特卜塔(Kutab Minar, 12世纪末)
现存最早的印度伊斯兰建筑。原可能是邦克楼。平面海棠形,塔身下大上小并有卷杀。

3·3·9

阿格拉　布兰·达瓦札(Bulan Darwaza of Mosque at Fatepur Sikri, Agra, 约1575年)　莫卧儿皇朝宫庭所在地阿格拉附近法坦浦尔·西克里清真寺的南大门。高51.7米,立在一大台阶上,墙面以具有印度特色的在红砂石上镶白大理石的花纹作装饰。正面有象波斯伊斯兰建筑那样的半穹窿形门殿。(参见图3·2·27)。虽然转角处有垂直向的八角形柱,但它的制高点不在转角,而是在檐头上戴有穹顶的小亭子中,当中的较两旁的为高。

3·3·9

右下：
陵　　园：293×576 米
前　　院：161×123 米
花　　园：293×297 米
陵墓坪台：95×95 米
　　　　　高 5.4 米
陵　　墓：56.7×56.7 米

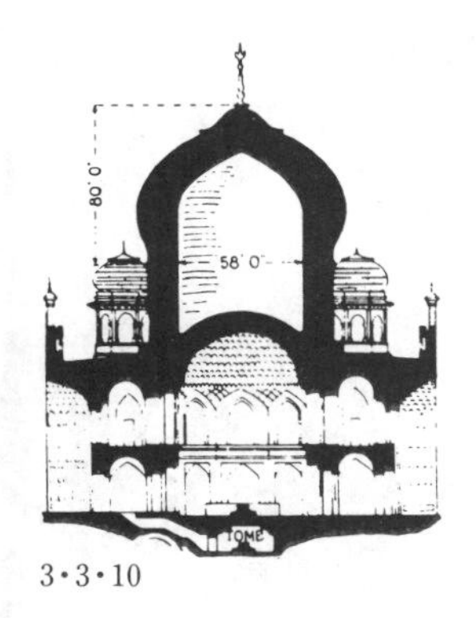

3·3·10

3·3·11

3·3·12

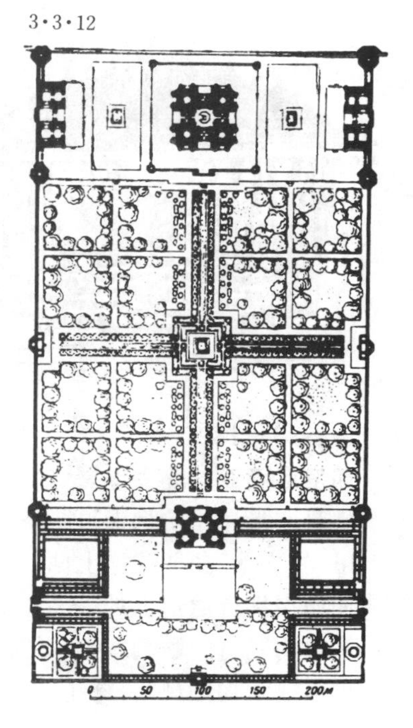

3·3·10—12

阿格拉　泰吉·马哈尔陵(**Taj Mahal, Agra,** 又译泰姬墓，1630—1653)莫卧儿皇帝杰罕(**Sháh Jehán**)为他的爱妃蒙泰吉(**Mumtazi Mahal**)修建的陵墓。穆斯林帝王常在生前就为自己修建陵墓，兼作离宫别馆之用，该墓的世俗气息反映了此特点。陵园基地长方形，有两重院子(图 3·3·12)，中间的大花园被十字形的水道等分为四，水道的交叉处有喷水池，周围是茂盛的常绿树。陵墓全部用白色大理石建成(图 3·3·11)，局部镶嵌有各色宝石，建在一大坪台上。建筑形体四面对称，每边中央有波斯式的半穹窿形门殿。平面约 57 米见方，中央大穹窿直径 17.7 米，顶端离地 61 米，也是波斯的尖顶式(事实上弓形尖券 **ogee arch** 最早源于印度)。坪台四角有四座高约 41 米的邦克楼。整幢建筑格调统一，手法洗炼，施工精巧，是**印度伊斯兰建筑**的杰出代表。图 3·3·10 为其剖面，中央穹窿为夹层，其形状决定于建筑外观的要求。

3·3·13

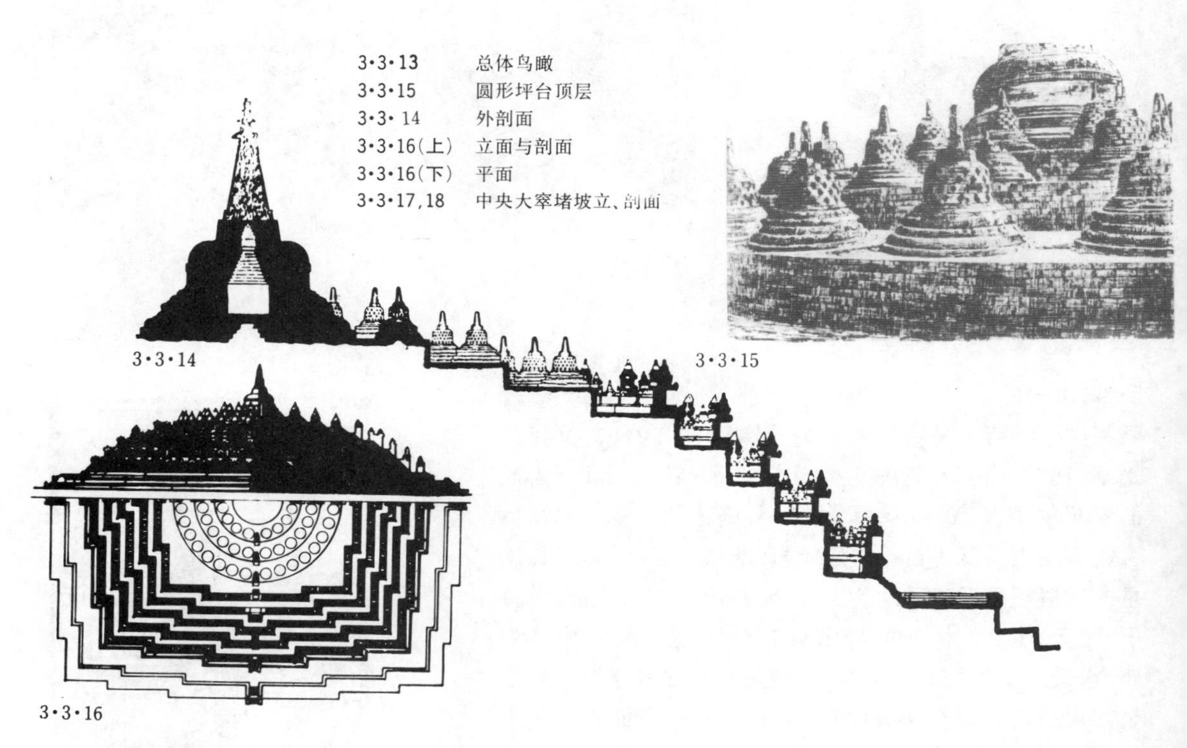

3·3·13 总体鸟瞰
3·3·15 圆形坪台顶层
3·3·14 外剖面
3·3·16(上) 立面与剖面
3·3·16(下) 平面
3·3·17,18 中央大窣堵坡立、剖面

3·3·13－18

印度尼西亚　婆罗浮屠(Borobudur,意译“千佛坛”,8—9世纪)　相传里面埋有释迦牟尼的佛骨。形体呈阶梯形,顶上有一窣堵坡(图3·3·16)。底下两层是基座,当中五层平面(图3·3·16)呈方形,象征地;上面三层平面呈圆型,象征天。方形坪台四周外侧有障壁(图3·3·15),它使站在坪台通道上的人看不见外面,目光所及只是头上的青天和密布在两旁墙上以释迦牟尼故事为题材的雕刻。第八层起豁然开朗。三层圆形坪台共有小塔72座,簇拥着顶上的大窣堵坡。建筑构图规矩、施工精确。建成后不久因火山爆发而被废弃,至19世纪才重被发现。

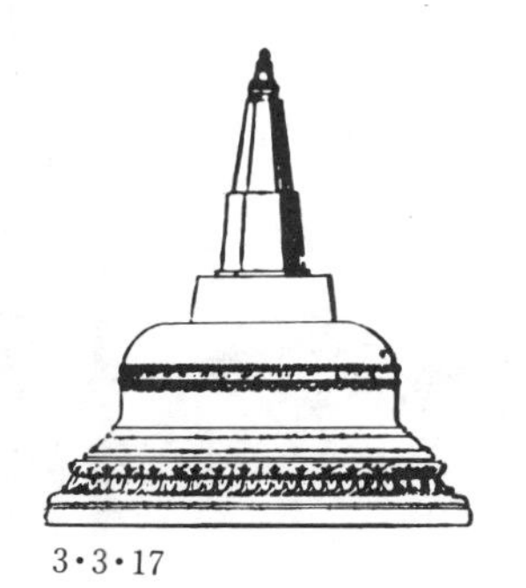

3·3·17

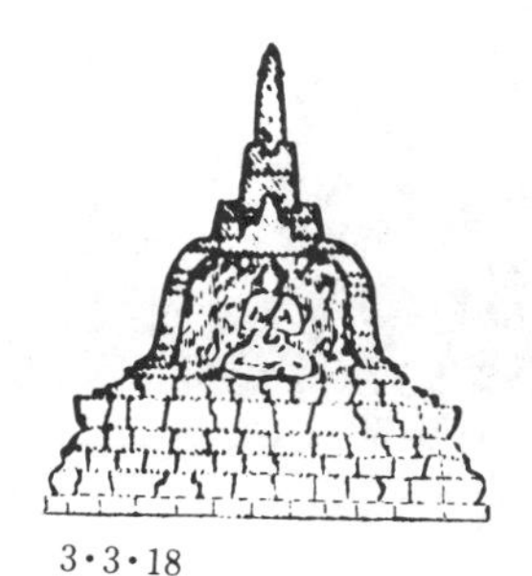

3·3·18

3·3·19

3·3·20

3·3·21

3·3·19

加德满都　沙拉多拉窣堵坡(Saladhola Stupa,传为公元前四世纪印度孔雀皇朝时建)　下面半球体部份的四面设有重檐的假门,顶上有一座由13层逐层缩小的扁方体组成的高塔,塔身有卷杀,顶上有华盖。

3·3·20

仰光　大金塔(Shwedagon,又称瑞大光塔)　位于市北因亚湖畔一山岗上,为一砖砌实心的铃形窣堵坡。相传始建于公元前585年,为珍藏来自印度释迦牟尼的八根佛发而建。据说塔原高8.3米,经历代整修,至18世纪建成现存的113米。全身贴有金箔,立在一周长约413米的凸角形基座上。顶上金制华盖(建于19世纪)重约1.25吨,上悬金银铃一千余;宝顶镶有金钢钻、红宝石与翡翠等六千余颗。基座内有佛殿,殿内有玉石雕的坐卧佛象,塔外围有各式小塔数十座。

3·3·21

仰光班杜拉广场(Bandoola)的佛塔与佛寺。

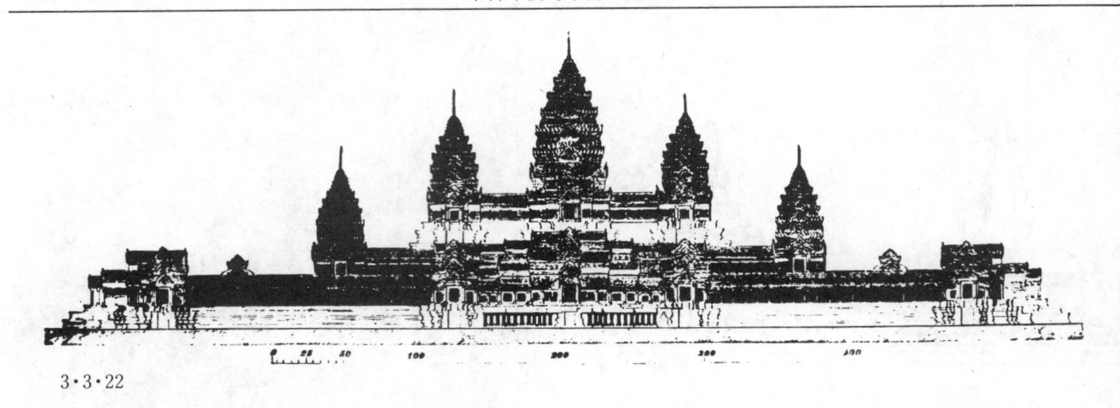

3·3·22

3·3·23

3·3·24

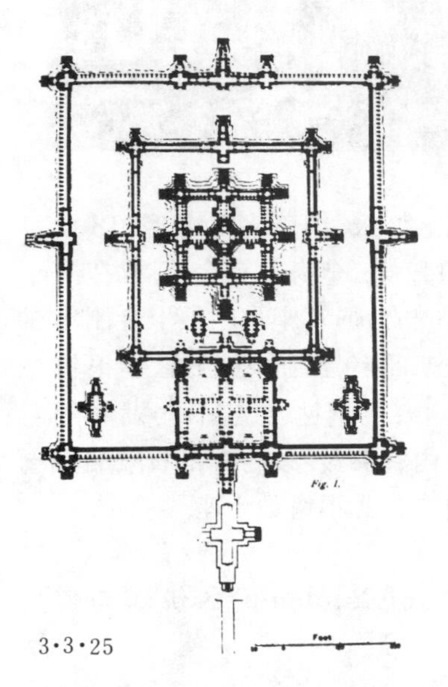

3·3·25

上上：正　立　面
上左：鸟　　　瞰
右：　迴　　　廊
左：　正殿平面

3·3·22—25

柬埔寨　吴哥寺（**Angkor Wat**，1113—1152年）　在吴哥故都南郊。原为国王陵寝兼佛教圣地。基地长方形，周围环有宽90米的濠沟，濠沟内侧东西1025米，南北800米。寺院（图3·3·25）居中偏东，大门向西，建在一三级台基上，各级有迴廊。底层迴廊（东西215米、南北187米）廊壁布满精美雕刻，题材为印度佛经故事；二层迴廊（图3·3·24）四角有塔。主殿金刚宝座式，中央塔高42米（距地面65米）。塔身与塔顶均布满莲花蓓蕾形的雕饰。整座建筑构图完整、造型稳定、突出中心、主次分明。15世纪，吴哥首都被废弃，寺亦荒芜，19世纪中叶重被发现。

3·4·1

3·4 中古日本国的建筑
(6世纪中叶—19世纪中叶)

中古日本国的建筑历史大致可分为三个阶段：**早期**，6世纪中叶到12世纪，即飞鸟、奈良、平安时代(各时代按首府所在地而名)的建筑；**中期**，12世纪末到16世纪中叶，即镰仓、室町时代的建筑；**近期**，16世纪中叶到19世纪中叶，即桃山、江户时代的建筑。

6世纪中叶，佛教自中国经朝鲜百济传入日本，同时带入了中国南北朝与隋唐的建筑技术与风格。从此，佛寺成为日本的主要建筑活动，其影响遍及宫殿与神社。在飞鸟时代(671—8世纪初)，佛寺的布局与形式(图3·4·10—14)各样都有。到奈良时代(710—784)逐渐形成统一的风格，即既有中国唐代建筑的明显特征(图3·4·9)，又在向日本化过渡。到平安时代(791—1194)，这个过渡基本完成，在佛寺中形成了具有日本特色的"**和样建筑**"，在贵族府邸中形成了"**寝殿造**"(参见3·4·13)。

3·4·2

12世纪后，地方势力兴起。在镰仓幕府(1192—1333)和室町幕府(1338—1573)时代中，宫殿、神社、佛寺、府邸逐

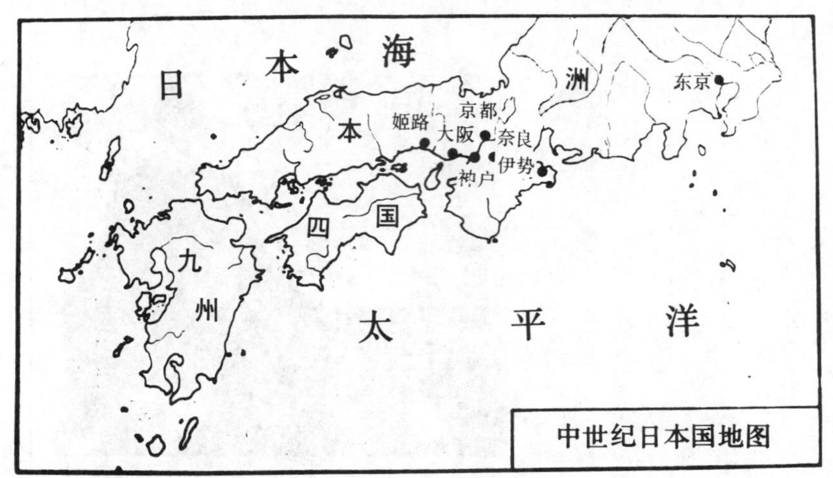

3·4·3 日本国地图

渐推向全国。在奈良的仿中国宋式做法但称之为**“唐样建筑”**（又称“禅宗式”建筑）的风格与“和样建筑”一同传播各地。此时日本建筑一面继续受到中国影响，同时又有自己的创造。如奈良时期的粗大构件缩小了，柱子越来越细，枋子成为不可缺少的构件，佛堂内广泛使用天花板，门板演变为隔扇等等。在住宅府邸中又出现了**“主殿造”**（图3·4·14），即简化了的“寝殿造”；还出现了适宜于武士与僧人生活需要的**“书院造”**，即在居室傍另设披屋作为书房。

佛寺自16世纪后已不再是主要的建筑活动了，府邸、城楼成为重要类型。过去在战争中兴建的城堡到江户时代（1603—1867）已演变为地方的政治与经济中心。城廓上筑有象征城市统治者威严与用于防卫的城楼（图3·4·15—16）；城市住宅府邸大量兴建，其规模与风格按业主的身份等级而异。此外，由中国传入的饮茶、品茶成为贵族、武士等生活中一项重要内容。茶室往往采用民居的泥墙草顶、落地窗，并在周围布置步石、树木、桌凳、灯笼等，称为**“草庵风茶室”**（图3·4·17）。于是，在住宅中又出现了混合有“书院造”与“草庵风茶室”格调的**“数寄屋”（Sukiya）**。“数寄屋”的传统至今仍强烈地反映在日本的住宅建筑中。

19世纪以后，明治天皇的维新（1868—1912）使日本建筑转而接受西方影响。

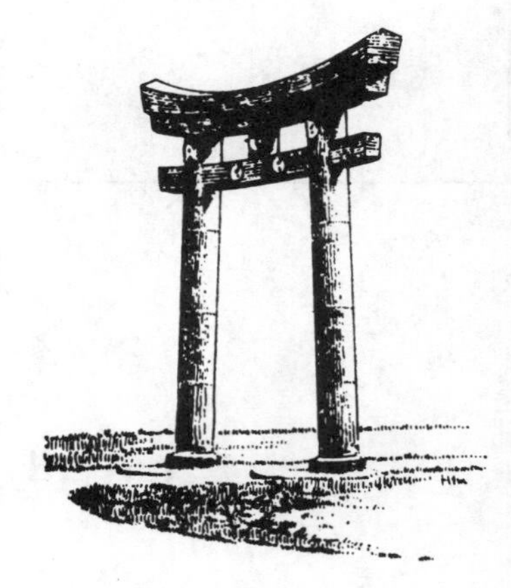

3·4·4

3·4·4

鸟居（Torii）　一种牌楼式的门洞，常设于通向神社的大道上或神社周围的木栅栏处。由一对粗大的木柱和柱上的横梁及梁下的枋组成。梁的两端有的向外挑出，亦有插入柱身的。著名的如伊势神宫的鸟居，造型简练刚挺，寓巧于朴。自7世纪中国建筑传入后，鸟居的形式有了些变化，如柱子有侧脚、横梁两端起翘，甚至有用斗拱者。

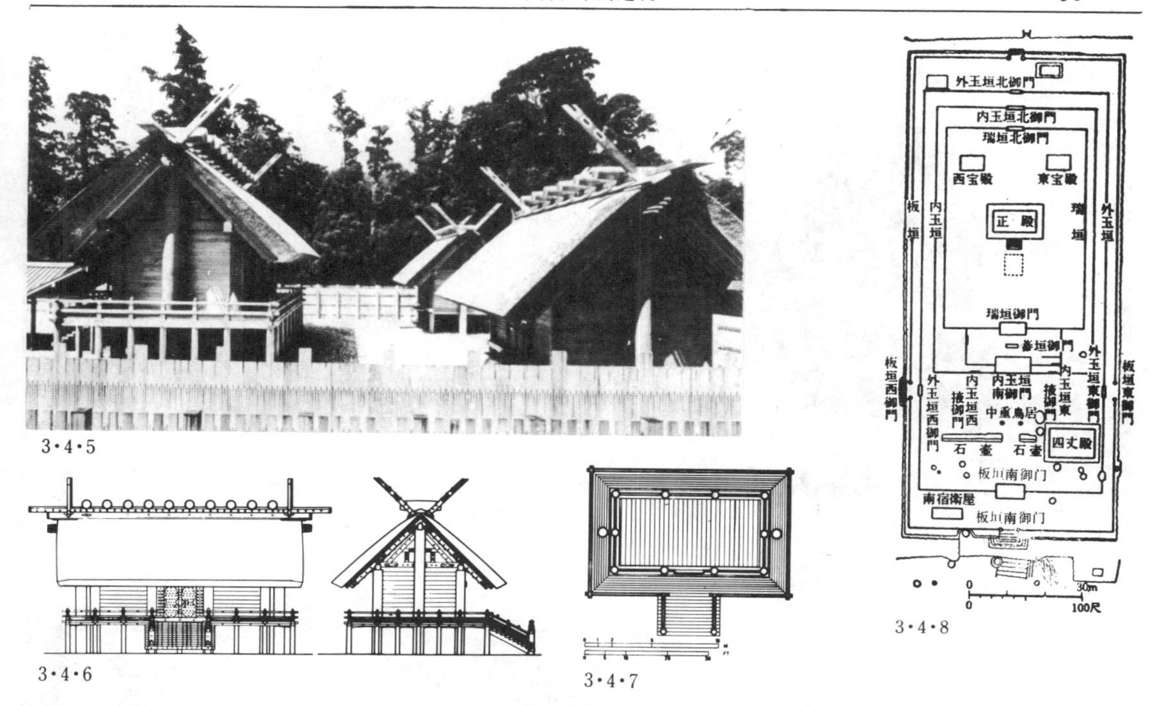

3·4·5

3·4·6

3·4·7

3·4·8

3·4·5—8

伊势神宫(Naign Shrine, lse) 日本**神社**的主要代表。神社是崇奉与祭祀神道教(一种自然神教)中各神灵的社屋,是日本宗教建筑中最古老的类型。由于神道教与日本人民生活密切联系,神社十分普遍。神社自7世纪起实行“造替”制度,即每隔几十年要重建一次。伊势神宫位于三重县,传说起于远古时代。自明治天皇(1867—1912在位)以后的历代天皇即位时均要去参拜。它的“造替”制为每隔20年一次。图中建筑是第59次迁宫所建,建于1954年,但仍按9世纪(奈良时代末期)的文献记录仿造。神宫由内宫和外宫两大部分组成。正殿居内宫中心,是日本古建筑格式之一”**神明造**”的典型例子。平面矩形,长边入口,挖土立柱,山墙上有山花中柱,悬山式草屋顶,屋面呈直线形。从外宫至内宫有数道栅栏和围墙围绕,形成层层空间。外墙四方设有鸟居。

3·4·9

3·4·9

奈良 唐招提寺金堂(Toshodaiji, 8世纪中) **奈良时代**从中国东渡日本的唐代僧人鉴真和尚自759年始参与规划和建造的佛寺。当时完成了金堂(大殿)、讲堂、东塔等建筑物。金堂风格酷似中国唐代的佛光寺,只是具体处理不同,规模也较小。其面阔七间,进深四间,斗拱用出三跳,位置规则整齐,出檐深远,上置庑殿顶,雄浑矫健。堂内藻井扩及全面而形成天花。它与当时规模较大的寺院一样,堂前有宽敞的庭院,可供宗教仪式之用。

3·4·10

3·4·12

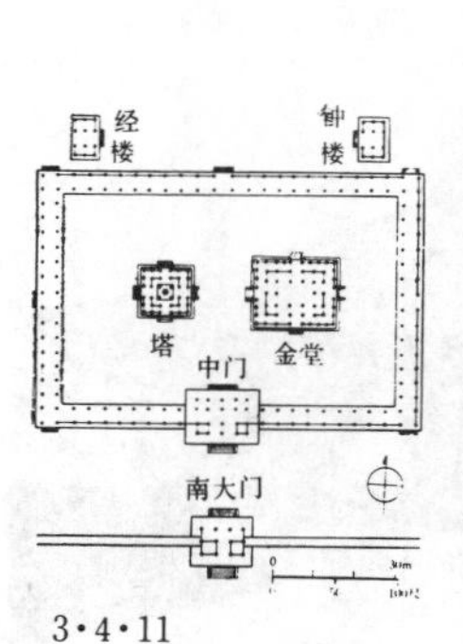

3·4·11

3·4·13

3·4·10—12

奈良法隆寺金堂和五重塔(**Horyuji**, 原建于7世纪初,现存的重建于8世纪初) 保留得最完整的日本古木构建筑群,以堂、塔为主共二十余幢。焚毁后重建的金堂(大殿,图3·4·10)、“五重塔”(图3·4·12)虽在奈良时代,但还是继承了**飞鸟时代**的布局和形式。如平面图3·4·11所示,以金堂和塔为中心,绕以回廊,以区分佛和俗的世界。其形式以至细部纹样均反映了来自中国南北朝建筑的影响。建筑用料粗壮,金堂的圆柱卷杀明显、柱上置有皿板大斗,用整木刻成云头状的云形斗拱支承着檐口,并采用了变形卍字格子的勾栏和人字拱等。塔高31.9米,塔刹部份约占总高的1/3弱,塔中心有一根自下而上的中心柱支承着塔顶的重量。

3·4·13

京都 平等院凤凰堂(**Hoo-do Pavilion of The Byodo-in**, 1053年) **平安时代**有些佛寺由公候之家发愿修建,具有住宅的纤细优美之姿。凤凰堂原为一贵族府邸中供奉阿弥陀的佛堂。其布局类似贵族府邸中的“**寝殿造**”,即在中央正屋(寝殿)的两侧有东西配屋,并以游廊把它们联系起来;但房屋的样式是“**和样**”的,如采用歇山顶、架空地板、出檐深远等等。建筑临水而筑,外形秀丽,内部雕饰、壁画极其丰富,集当时的造型艺术于一堂。

3·4·14

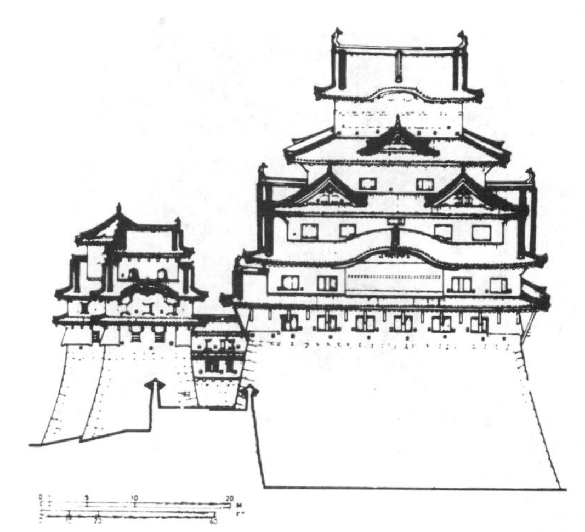
3·4·15

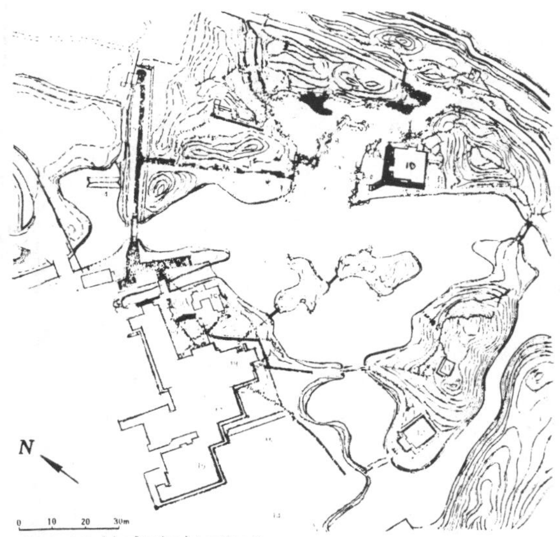
3·4·16 **桂离宫总平面**

3·4·17

3·4·14

京都　鹿苑寺金阁(1397 年)　原为**室町幕府**时代一将军府邸，是“**主殿造**”式府邸的代表。后舍宅为寺成为京都北山殿的舍利殿。金阁是一面临湖池的方攒尖顶楼阁建筑。共三层，底层用于会客和游赏，中层和顶层供奉佛像。屋顶采用木片瓦。内外墙上贴金箔，故得名。

3·4·15

姬路城　天守阁(17 世纪初)　保存得最完整的天守阁(城楼建筑群)。由三座小城楼簇拥着一座大城楼，廊屋相连，屋宇层叠，耸立在一小山丘上，俯瞰着广阔的原野，姿态雄健。

3·4·17

京都　桂离宫松琴亭(Shokintei in Katsura Detached Palace, 17 世纪上半叶)桂离宫位于京都西南郊，是一亲王的宫室，占地约 16 英亩，始建于 16 世纪末。松琴亭是宫中一茶室，用草顶、土墙、竹格窗等最简单的材料与构件构成，简朴雅致，是“**草庵风茶室**”的典型例子。前面庭园的石作，结合水面与种植，具有日本庭园的特色。

3·5·1

3·5 西欧罗马风与哥特建筑

（9—15 世纪）

罗马风建筑(**Romanesque**, 又称似罗马)和哥特建筑(**Gothic**)是西欧封建社会初期(9—12 世纪)与盛期(12—15 世纪)的建筑。在此之前还有处于欧洲奴隶制崩溃与封建制形成时期的早期基督教建筑(4—9 世纪)。

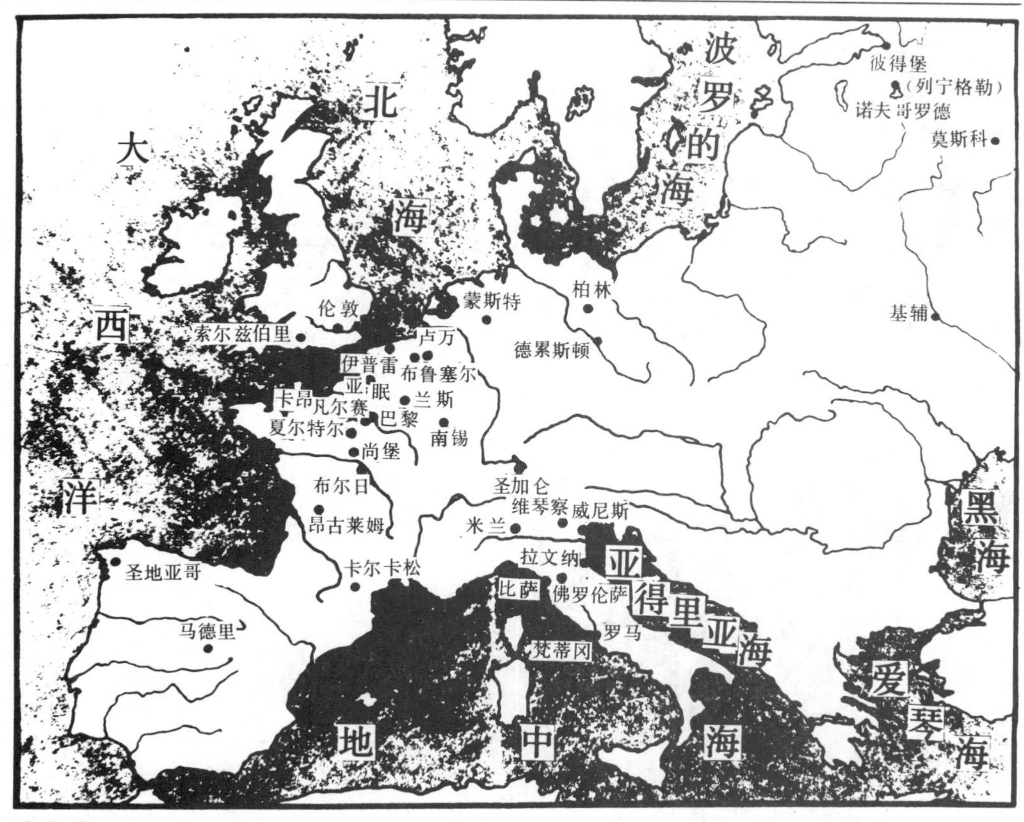

3·5·2

中世纪西欧与中欧地图

圣地亚哥(西)	San Diego	亚眠(法)	Amiens	米兰(意)	Milan
马德里(西)	Madrid	凡尔赛(法)	Versailles	比萨(意)	Pisa
索尔兹伯里(英)	Salisbury	巴黎(法)	Paris	维琴察(意)	Vicenza
卡昂(法)	Caen	伊普雷(比)	Ypres	佛罗伦萨(意)	Firenze
昂古莱姆(法)	Angouleme	兰斯(法)	Rheims	威尼斯(意)	Venice
伦敦(英)	London	布鲁塞尔(比)	Brussels	拉文纳(意)	Ravenna
夏尔特尔(法)	Chartres	卢万(比)	Louvain	梵蒂冈(欧洲)	Vatican
尚堡(法)	Chambord	南锡(法)	Nancy	罗马(意)	Rome
布尔日(法)	Bourges	蒙斯特(德)	Munster	柏林(德)	Berlin
卡尔卡松(法)	Carcassonne	圣加仑(瑞)	S.Gallen	德累斯顿(德)	Dresden

早期基督教建筑(图 3·5·5—15)是同拜占廷建筑同时发展起来的。拜占廷建筑是罗马帝国从迁都(330 年)到分裂(395 年)在帝国东部,及其后东罗马帝国的建筑。早期基督教建筑则包括迁都后帝国西部、分裂后的西罗马帝国与西罗马帝国灭亡后长达三百余年的西欧封建混战时期的建筑。建筑类型主要是基督教堂,故称为早期基督教建筑。

公元 9 世纪左右,西欧一度统一后又分裂成为法兰西、德意志、意大利和英格兰等十几个民族国家,并正式进入封建社会。这时的经济属自然经济,社会秩序较稳定,于是,具有各民族特色的文化在各国发展起来。这时的建筑除基督教堂外,还有封建城堡与教会修道院等。其规模远不及古罗马建筑,设计施工也较粗糙,但建筑材料大多来自古罗马废墟,建筑艺术继承了古罗马的半圆形拱券结构,形式上又略有古罗马的风格,故称为**罗马风建筑**(图 3·5·16—39)。它所创造的扶壁、肋骨拱与束柱在结构与形式上都对后来的建筑影响很大。

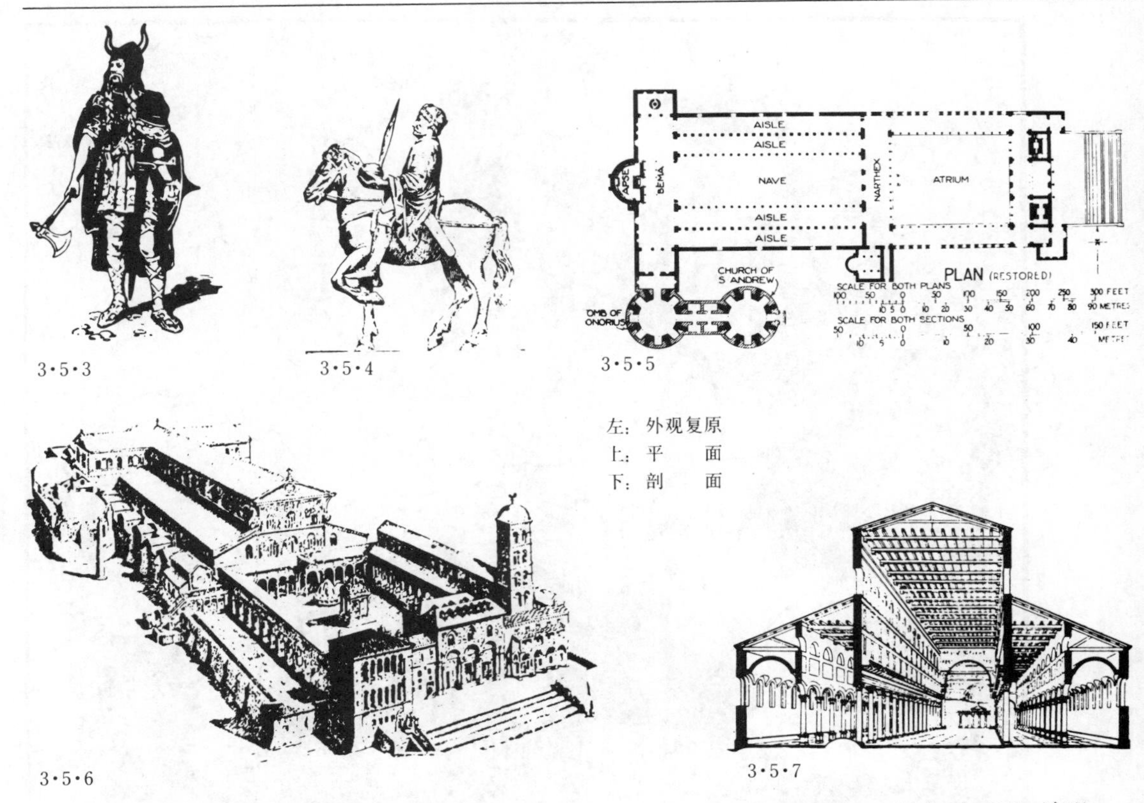

3·5·3　3·5·4　3·5·5

左：外观复原
上：平　　面
下：剖　　面

3·5·6　3·5·7

公元10世纪以后，随着手工业与农业的分离和商业的逐渐活跃，在一些交通要道、关隘、渡口及教堂或城堡的附近，逐渐形成了许多手工业工人与商人聚集起来的城市，并到12世纪大多通过赎买或武装斗争从当地领主或教会手中取得了不同程度的自治权。**哥特建筑**（图3·5·40—106）就是欧洲封建城市经济占主导地位时期的建筑。这时期的建筑仍以教堂为主；但反映城市经济特点的城市广场、市政厅、手工业行会、商人公会与关税局等也有不少，市民住宅也有很大发展。建筑风格完全脱离了古罗马的影响，而是以尖券（来自东方）、尖形肋骨拱顶（图3·5·87）、坡度很大的两坡屋面和教堂中的钟楼、飞扶壁、束柱、花窗棂等为其特点。

“哥特”原是参加覆灭罗马奴隶制的日耳曼“蛮族”之一。15世纪，文艺复兴运动反对封建神权，提倡复兴古罗马文化，乃把那时的建筑风格称为“哥特”，以表示对它的否定。

3·5·3

一个日耳曼战士。罗马帝国时期的日耳曼人是分散居住在帝国西北部的部落。罗马人称他们为“蛮族”。

3·5·4

9世纪时的**法兰克王查理曼**（**Charlemgne**）曾一度统一西欧，并把他所统一的国家称为神圣罗马帝国。

3·5·5—7

梵蒂冈　圣彼得老教堂（**Basilican Church of St. Peter**，333年）　**早期基督教时期的**重要教堂。当时的教堂格局同拜占廷一样有三种：巴西利卡式，集中式与十字式。此为**巴西利卡式**。入口面东，前有内院。内部（图3·5·7）进深60余米，四行柱子把空间纵分为五部分，中厅（**Nave**）高而宽，两侧侧廊（**Aisle**）低而窄，末端有一半圆形神坛。15世纪被拆除后建造了现在的圣彼得大教堂。

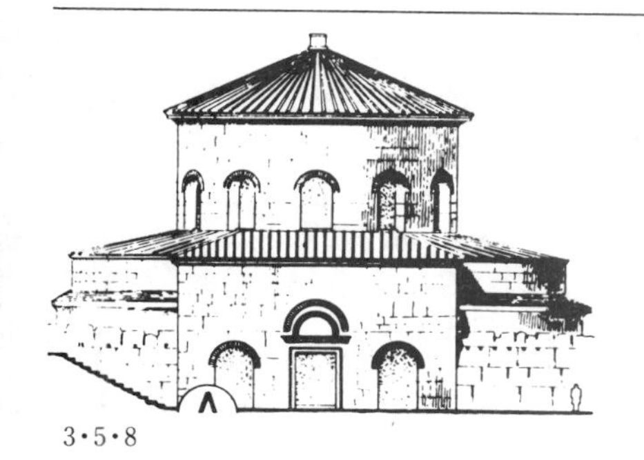
3·5·8

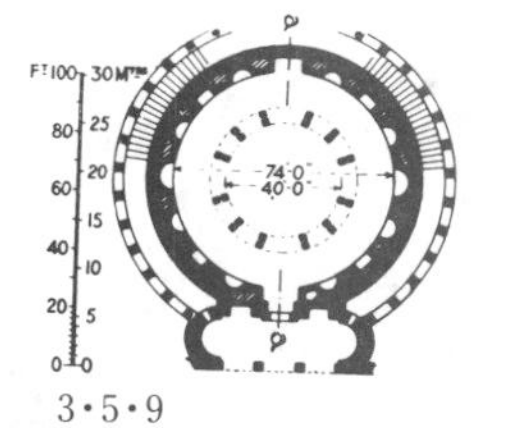

3·5·9

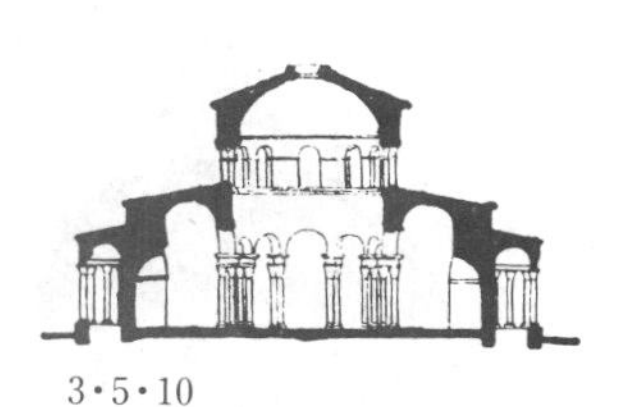
3·5·10

3·5·11

3·5·12

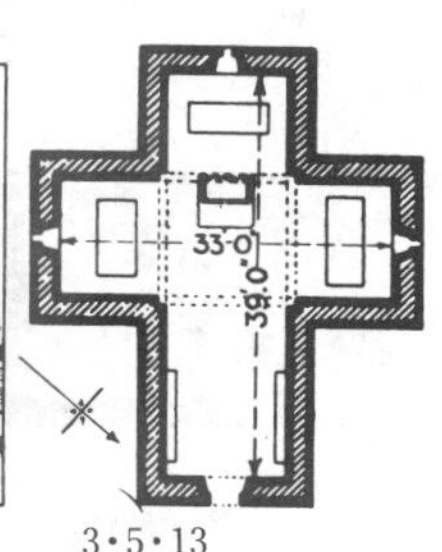

3·5·13

3·5·14

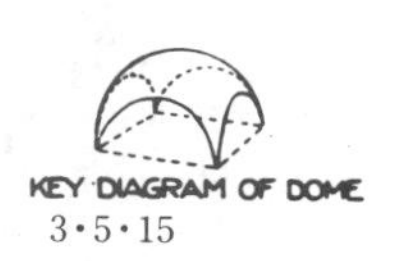

3·5·15

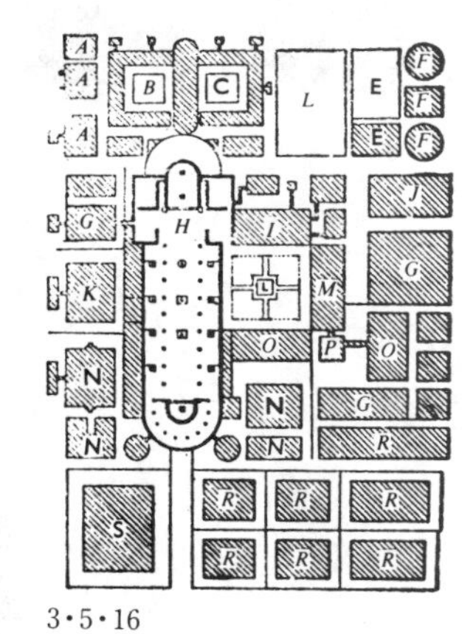
3·5·16

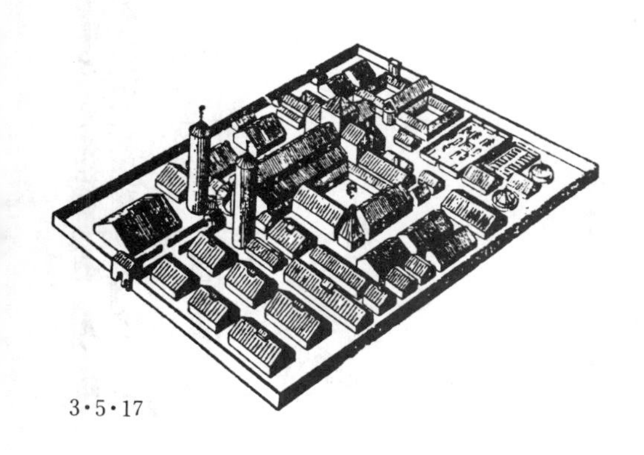
3·5·17

3·5·8—11

罗马　圣科斯坦沙教堂(S. Costanza, 330年)　原为君士坦丁的女儿之墓,1254年被改为教堂。格局属集中式,中央部分直径约12.2米,穹窿由12对双柱所支承,周围是一圈筒形拱顶迴廊。室内饰有彩色云石镶嵌。

3·5·12—15

拉文纳　加拉·普拉西第亚墓(Tomb of Galla Placidia, 425年)　欧洲现存最早的十字式教堂。内部前后进深约12米,左右宽度约10米。平面十字交叉处上有穹窿,外盖四坡瓦顶;四翼的筒形拱顶外盖两坡瓦顶。

3·5·16—17

在瑞士圣加仑发现的一张820年的**修道院平面图,**可谓罗马风建筑的早期代表。图3·5·17为臆想鸟瞰图。

A.医生宿舍
B.病房
D.墓地
F.家禽舍
G.工场
H.教堂
I.锅炉房,楼上是修士宿舍
J.打谷场与磨房
K.课堂
L.修道院迴廊
M.食堂
O.库房与酒窖
P.厨房
Q.面包房、酿酒坊
R.农业用房

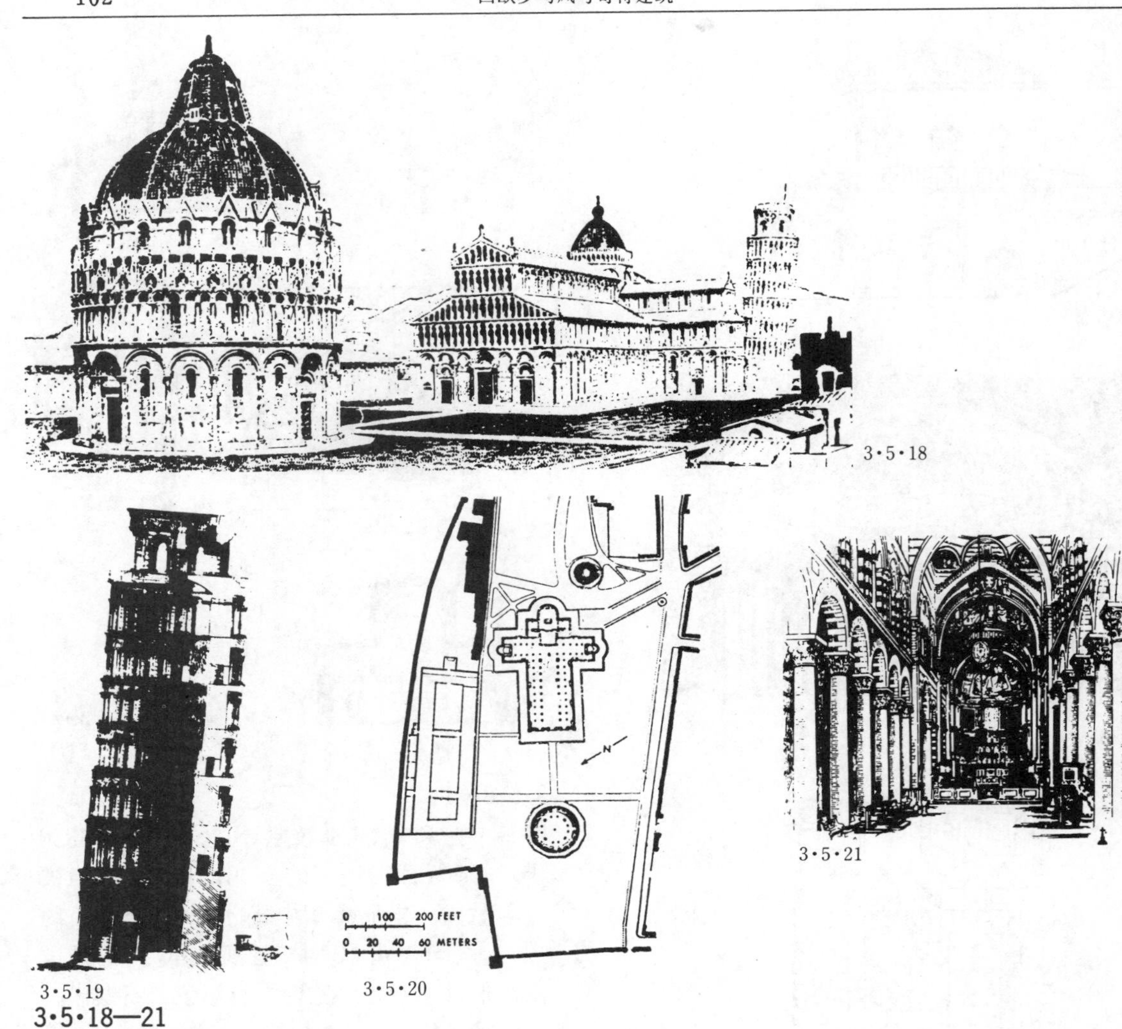

3·5·18

3·5·19 3·5·20 3·5·21

3·5·18—21

比萨教堂(Pisa Cathedral 11—13 世纪） **意大利罗马**风建筑的主要代表。是一组杰出的建筑群，由**教堂**(1063—1118 年，1261—72 年)、**洗礼堂(TheBaptistery,** 1153—1265 年）和**钟塔**（**The Campanile,** 1174—1271 年)组成。洗礼堂位于教堂前面，与教堂处于同一条中轴线上(图 3·5·18,20)；钟塔在教堂的东南侧，其形状与洗礼堂不同，但体量正好与它平衡。三座建筑的外墙都是用白色与红色相间的云石砌成，墙面饰有同样的层叠的半圆形连列券，形式统一，造型精致。

教堂属巴西利卡式。平面十字交叉处上有一椭圆形穹窿。钟塔高 50 余米，直径 16 米，(图 3·5·19)是其中最著名者，因地基关系倾斜得很厉害，从顶的垂悬直线距底脚 4 米余，故有**斜塔**之称。洗礼堂直径约 39.3 米，上半部在 13 世纪时被加上哥特式三角形山花与尖形装饰。

3·5·22

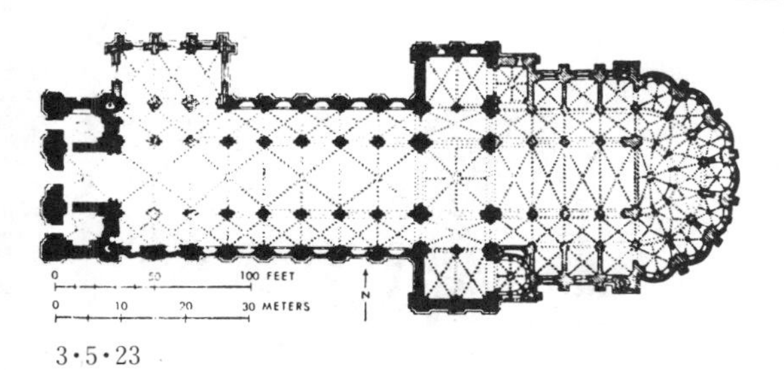

3·5·23

3·5·24

3·5·25

3·5·27

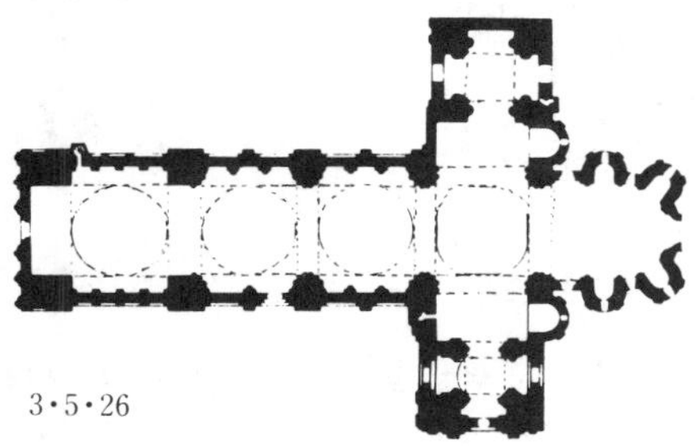
3·5·26

3·5·22—24

卡昂 圣埃提安教堂(St. Etienne,Abbaye-aux-Hommes, 1068—1115 年) **法兰西北部罗马风**教堂之一。该地区因过去受古罗马影响较少,较早形成了自己的建筑风格(图 3·5·22)。西面入口(罗马风时期起,教堂入口改为面西)两旁有一对高耸的钟楼;正面的墩柱使立面有明显的垂直线条;室内的中厅很高,上面采用半圆形的肋骨六分拱(图 3·5·24)。这种使承重与间隔部分分工的结构,既减轻了拱顶重量,也缩小了墩柱断面,使外观较轻巧。在圣坛外面还出现了初步的飞扶壁(图 3·5·22 左下)。以上特点是后来的哥特建筑的先声。

3·5·25—27

昂古来姆主教堂(Angoulême Cathedral, 1105—28 年) **法兰西南部**原为罗马殖民地,建筑保留了不少罗马的遗风,如立面(图 3·5·25)上的装饰、券与柱上的细部处理等。教堂内部是一单跨的大厅,进深 15.2 米(图 3·5·27),上覆有由帆拱支承着的穹窿(图 3·3·26)

3·5·28

3·5·29

3·5·30

3·5·31

3·5·32

3·5·28

普瓦蒂埃　圣母教堂(Notre Dame la Grande, Poitiers, 约 1130—45 年)　西面入口虽有一对钟塔,但巴西利卡式的立面仍然明显,装饰以券和雕刻为主,刀法较粗犷。中廊上覆以通长的筒形拱。

3·5·29

博让西　碉堡(Tower of Beaugency, 约 1100 年)　法国现存最早的方形塔楼之一,高约 35 米,长宽约 23×20 米。虽为石建,但造型上留有木结构的痕迹。

3·5·30

北安普登郡　安斯巴登教堂的钟楼(Earls Barton, 10 世纪末)　英吉利罗马风建筑的主要代表之一。塔角上丁顺交替砌成的石条和塔身上受木结构形式影响的斜石条是它的特色。

3·5·31—32

罗马风券形门洞上逐层向内凹入的带状装饰

它使沉重而且很厚的砖石墙上的门洞不致显得笨重。这些带状装饰在罗马风时期经常是几何形图案,在哥特时期往往是一串串的圣徒象。

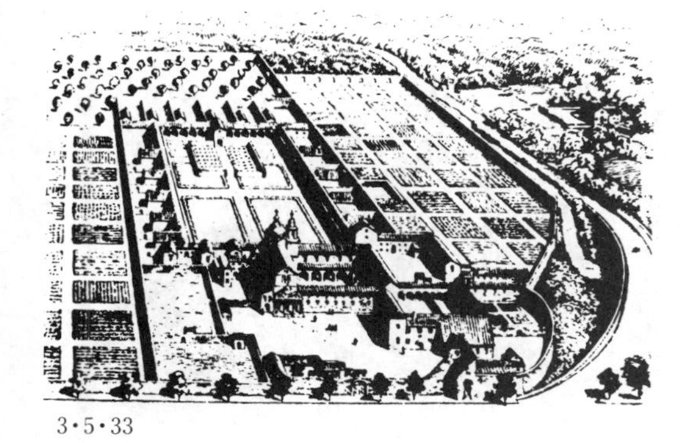

3·5·33

3·5·34

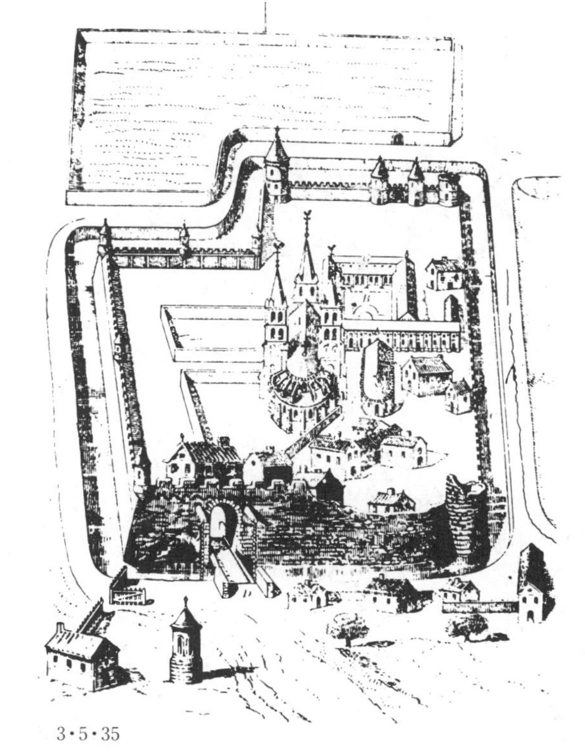

3·5·35

3·5·36

3·5·37

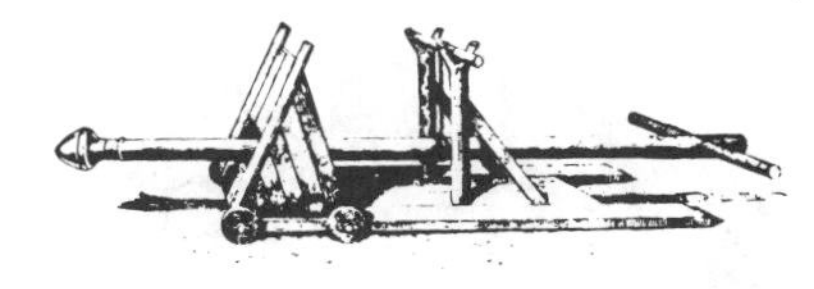

3·5·38

3·5·33

西班牙　克里斯托谷的修道院的复原图(**Val di Cristo**)　此图反映了欧洲封建社会初期(罗马风时期)的修道院在庄园经济中力求自给自足的面貌。它和瑞士圣加仑的平面图(图3·5·16)相似：当中是一座教堂；教堂右边(即南边，因罗马风时期教堂入口已一律朝西)是一圈修行用房；房屋环绕着迴廊内院布置；院东是修士宿舍，院南是食堂。院西是库房与酒窖。此外，还有医院、客房、磨坊、工场以及周围的各种菜园、果园、农地与鱼池。

3·5·34

修道院内必有的迴廊(Cloister)。

3·5·35

法国　圣日尔曼修道院(St. Germain des Près)　中世纪时期的修道院也需严密设防：**C**. 护城河，**D**. 吊桥，**A**. 修道院教堂，**B**. 迴廊内院，**E**. 食堂，**G**. 宿舍。

3·5·36

修道士受戒图

3·5·37—38

中世纪**战争中用的机械设备**，左为投石器，右为撞打器。从这些设备可以推想到当时的施工水平。

3·5·39

3·5·42

3·5·40

3·5·41

3·5·43

3·5·39

8 世纪时法国阿尔城的古罗马角斗场(Amphitheatre, Arles)　原建于公元 1 或 2 世纪,周长约450 米。西罗马帝国灭亡后,欧洲的封建战争与东方阿拉伯人的入侵,使它成为一个城堡,内有居民,周围建有碉堡等防御性设施。

3·5·40—43

封建领主的宫堡　大多建在高地或山头上,既是领主的住所又是他的堡垒。图 3·5·40—41 是 13 世纪法兰西的一个诸候在库西的宫堡(**Coucy Le Chateau**)。堡前有护城河与吊桥,入口的大碉堡直径约 30 米,高约 64 米,底部墙厚约 10 米。图中 **A.** 为护城河, **C.** 为内院, **D.** 为封建主的住所。图 3·5·43 是 15 世纪法兰西国王的弟弟在皮埃尔方(**Pierrefonds**)的宫堡。图 3·5·42 是在奥地利的一严密设防的宫堡。从山下到宫堡只有一条险要的栈道,栈道两旁是碉堡。

3·5·44

3·5·45

3·5·46

3·5·44

中世纪城市经济中的一个特点是自产自销。城市的手工业工人往往自己销售产品，他的**住所**也兼作**作坊、商店**。图中是一个织布者正在卖布。

3·5·45

城市街道中比较好的大多铺有石块，并有明沟。图中是英国**布里斯托尔城**（**Bristol**）中的市民在古罗马时期留下来的输水道或蓄水池旁取水。

3·5·46—47

中世纪城市人口集中、街道狭窄、房屋拥挤。房屋三、四、五层不等，为了争取建筑面积，上面逐层挑出，使街道更形狭窄与阴暗。教堂或领主的堡垒建得很突出，高高地凌驾于城市之上，是城市实际上也是精神上的统治力量。

3·5·47

3·5·48

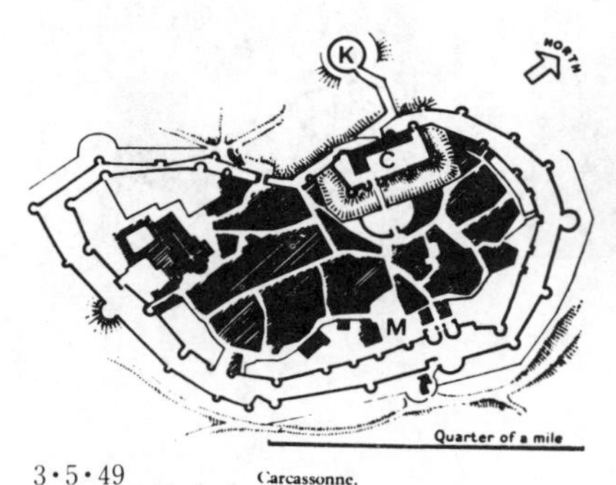

卡尔卡松城平面
M　街　　市
C　领主的宫堡
K　领主的堡垒
　　教堂在城南

3·5·49

3·5·50

3·5·48—49
法兰西　卡尔卡松城（Carcassonne） 欧洲中世纪时城市蓬勃发展。有的是原古罗马殖民地镇市的重新繁荣；有的是因商业、政治、宗教或抗御外敌而新建起来的。卡尔卡松城属前一种。它有两道城墙（始建于13世纪），上有雉堞，每隔几十米就有一座敌楼。

3·5·50—55
巴黎　圣母教堂（又称巴黎圣母院，**Notre Dame, Paris**，1163—1250年）　**法兰西早期哥特**的典型实例，位于巴黎城中岛上（图3·5·50）。入口西向，前面广场是市民的市集与节日活动中心。教堂平面（图3·5·54）宽约47米，深约125米，可容近万人。东

3·5·51

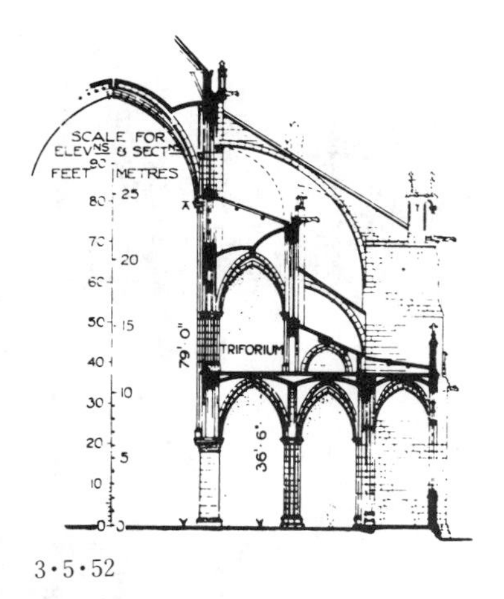

3·5·52

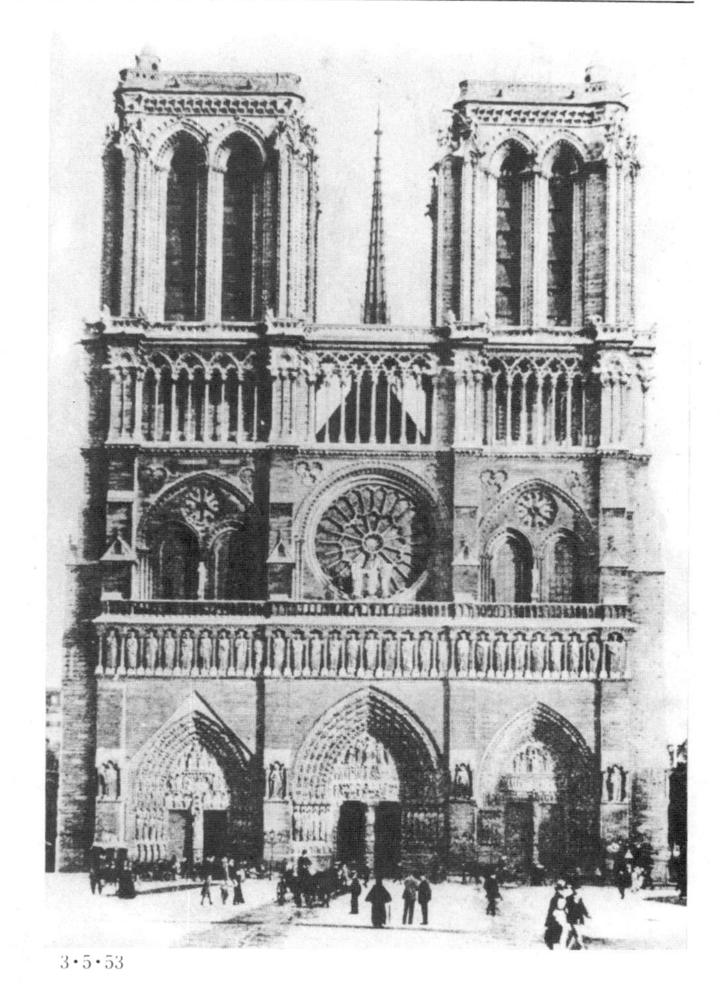
3·5·53

3·5·54

端有半圆形通廊。中厅很高，是侧廊（高9余米，图3·5·52）的三倍半。结构用柱墩承重，使柱墩之间可以全部开窗，并有尖券六分拱顶（参见图3·5·87），飞扶壁（图3·5·51，52）等。正面是一对高60余米的塔楼（图3·5·53），粗壮的墩子把立面纵分为三段，两条水平向的雕饰又把三段联系起来。正中的玫瑰窗（直径13米）、两侧的尖券形窗、到处可见的垂直线条与小尖塔装饰都是哥特建筑的特色。特别是当中高达90米的尖塔与前面的那对塔楼，使远近市民在狭窄的城市街道上举目可见。马克思在谈到天主教堂时说："巨大的形象震撼人心，使人吃惊。……这些庞然大物以宛若天然生成的体量物质地影响人的精神。精神在物质的重量下感到压抑，而压抑之感正是崇拜的起点。"

3·5·55

3·5·56

3·5·57

3·5·58

3·5·56—57

兰斯主教堂 (**Rheims Cathedral**, 1211—1290 年建) 法兰西国王的加冕教堂。主教堂即堂内设有主教座(**Cathedra**)的教堂,每个教区只有一所。该教堂以形体匀称,装饰纤巧著称。教堂前后建了百余年,由于墩柱形式与装饰主题一致,格调统一。

3·5·58—59

亚眠主教堂 (**Amiens Cathedral**, 1220—1288 年起建) 中厅系典型的法国哥特式(图 3·5·71),宽约 15 米,高约 43 米,比巴黎圣母教堂高约 10 米,由于起伏交错的尖形肋骨交叉拱与把柱墩造成束柱的样子,(图 3·5·59,参见图 3·5·88)看上去比真实的还要高。

3·5·59

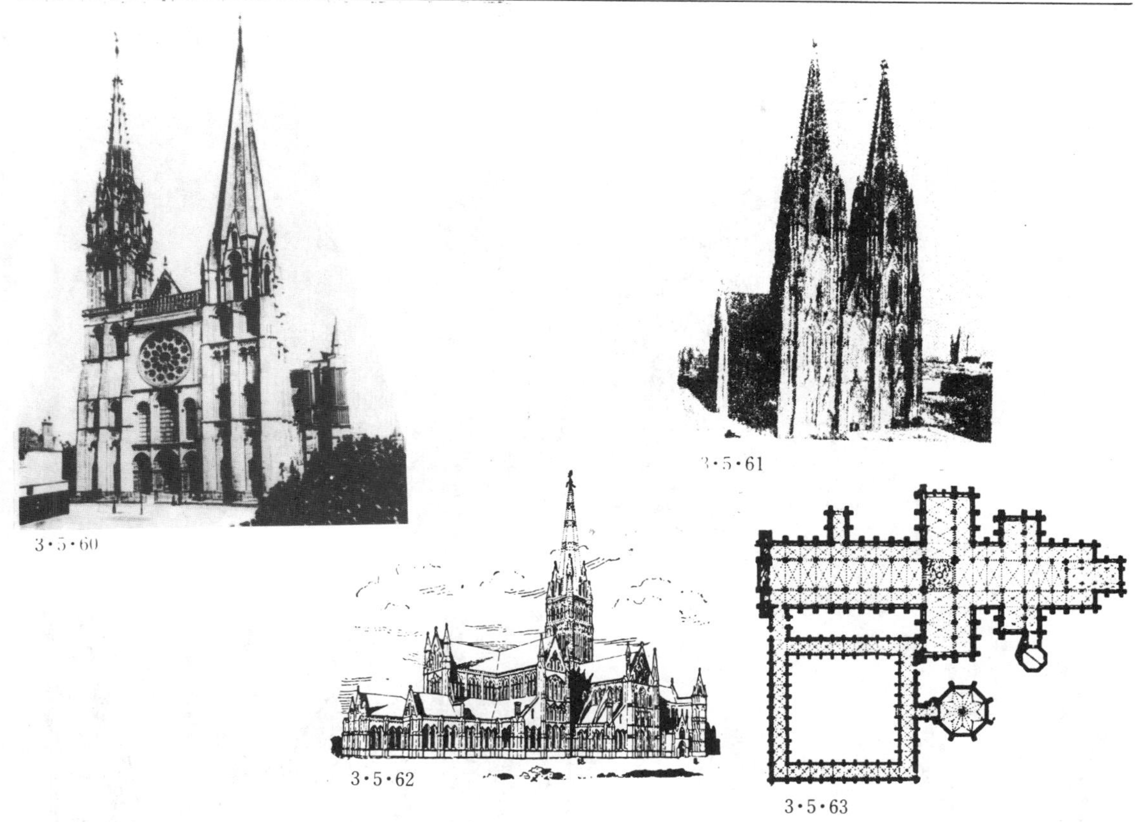

3·5·60　3·5·61　3·5·62　3·5·63

3·5·60

夏尔特尔主教堂(**Chartres Cathedral**, 1194—1260年)　西面两座塔楼不同于巴黎圣母院与兰斯主教堂，而是尖塔形的。两塔建造时间相差400年，形式各异。

3·5·61

科隆主教堂(**Cologne Cathedral**, 始建于1248年)　欧洲北部最大的哥特式教堂，平面143×84米。西面的一对八角形塔楼建于1842—1880年，高达150余米，体态硕大。中厅宽12.6米，高46米。教堂内外布满雕刻与小尖塔等装饰，垂直向上感很强。

3·5·62—63

索尔兹伯里主教堂(**Salisbury Cathedral**, 1220—1265年)　**英吉利哥特**教堂的代表作。平面有双重翼部(图3·5·63)。西面一对塔楼不显著，中央塔楼(高123米)却非常突出。

3·5·64—65

弗赖堡主教堂(**Freiburg Cthedral**, 1283—1330年)　德意志与它附近的地区除了有双塔式的教堂外还有单塔式的教堂。该塔高116米。

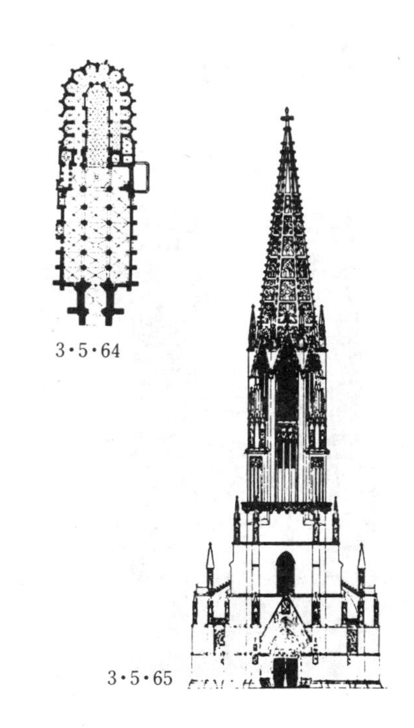

3·5·64　3·5·65

3·5·66

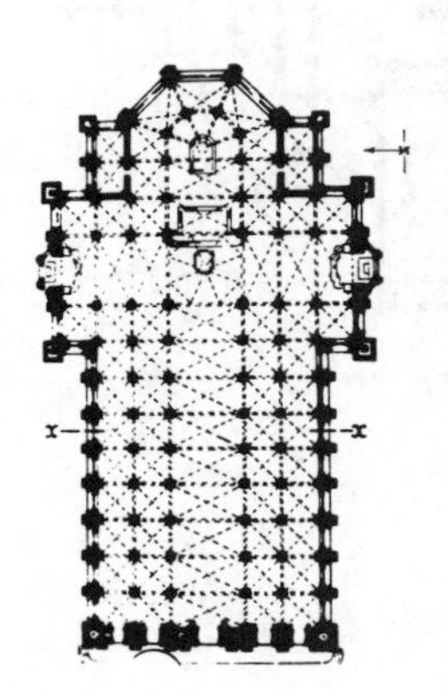

3·5·67

3·5·68

3·5·69

3·5·66—68

米兰主教堂(**Milan Cathedral**, 1385—1485年) **意大利哥特风格**比较保守。米兰教堂是用白色大理石建成的，外部雕刻精致，虽有许多垂直向的装饰，由于西立面没有明显的钟塔，仍保留了巴西利卡式的特点。内部中厅虽高45米，因侧廊也有37.5米高，且束柱上有柱帽，向上感不强。

3·5·69

哥特教堂的西立面(参见图3·5·56)。说明(自下而上)：门框(**jambs**，参见图3·5·32)；门廊(**portal**)；山墙(**gables**)；玫瑰窗(**rose window**，参见图3·5·55)；线脚(**molding**)；廊(**gallery**)。

3·5·70

罗马风与哥特教堂剖面比较。

3·5·71

哥特教堂的剖面(图为亚眠主教堂)。

3·5·72

罗马风与哥特教堂中厅两侧的墙面比较。

3·5·73—75

哥特教堂的**花式窗棂(tracery)** 哥特式窗户上部用石制成的图案式的窗棂。早期的用石板穿洞而成;13世纪后的用石条拼接成各种几何形图案,非常精致。图3·5·74—75是法国15世纪后的火焰式(**flamboyant**)花窗棂。

3·5·76

哥特建筑的玫瑰窗。

3·5·77

哥特教堂檐部上面的**滴水兽(gargoyle)**。

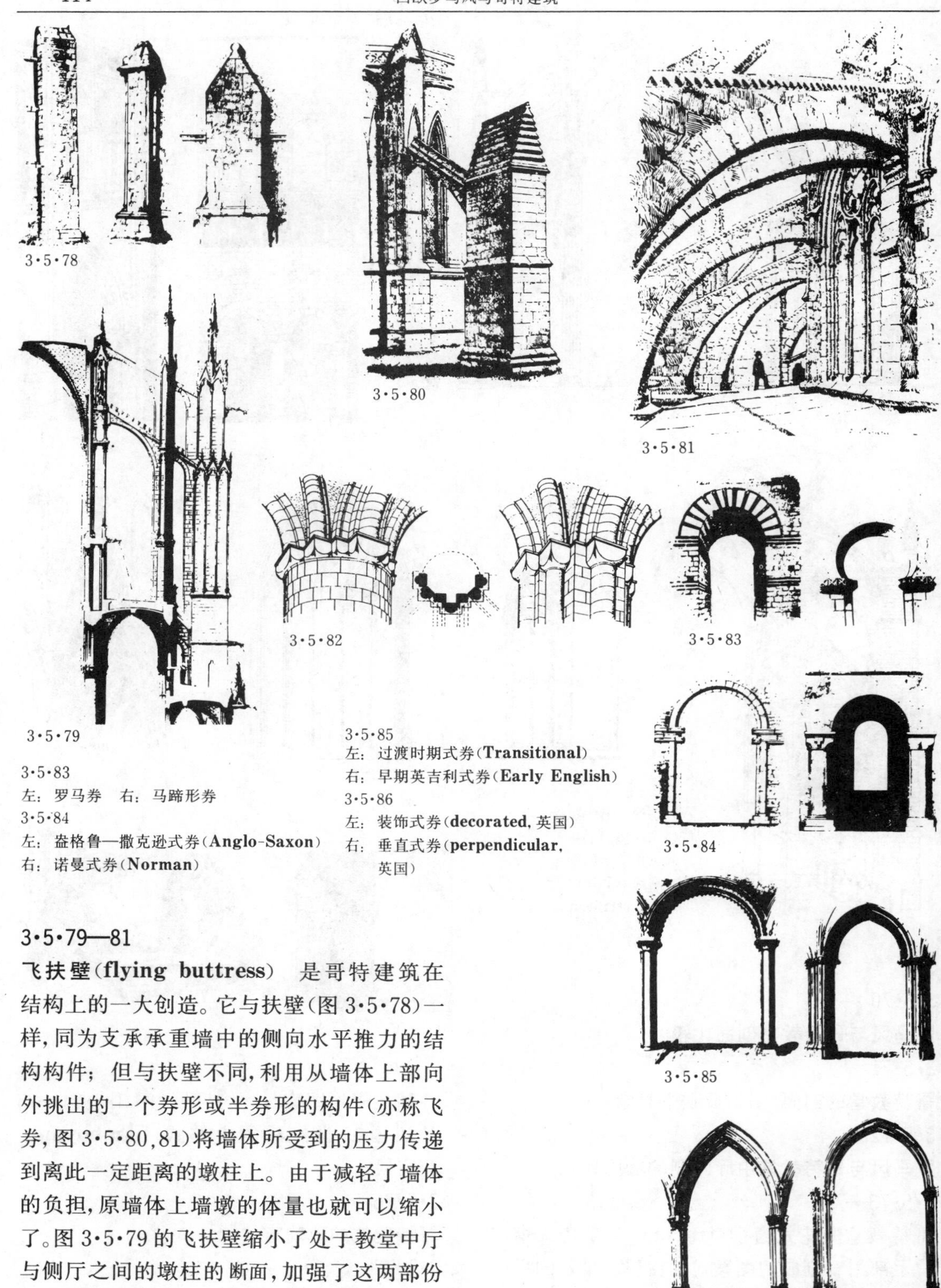

3·5·83
左：罗马券　右：马蹄形券
3·5·84
左：盎格鲁—撒克逊式券(**Anglo-Saxon**)
右：诺曼式券(**Norman**)

3·5·85
左：过渡时期式券(**Transitional**)
右：早期英吉利式券(**Early English**)
3·5·86
左：装饰式券(**decorated**, 英国)
右：垂直式券(**perpendicular**, 英国)

3·5·79—81

飞扶壁(flying buttress)　是哥特建筑在结构上的一大创造。它与扶壁(图 3·5·78)一样，同为支承承重墙中的侧向水平推力的结构构件；但与扶壁不同，利用从墙体上部向外挑出的一个券形或半券形的构件(亦称飞券，图 3·5·80,81)将墙体所受到的压力传递到离此一定距离的墩柱上。由于减轻了墙体的负担，原墙体上墙墩的体量也就可以缩小了。图 3·5·79 的飞扶壁缩小了处于教堂中厅与侧厅之间的墩柱的断面，加强了这两部份的联系。

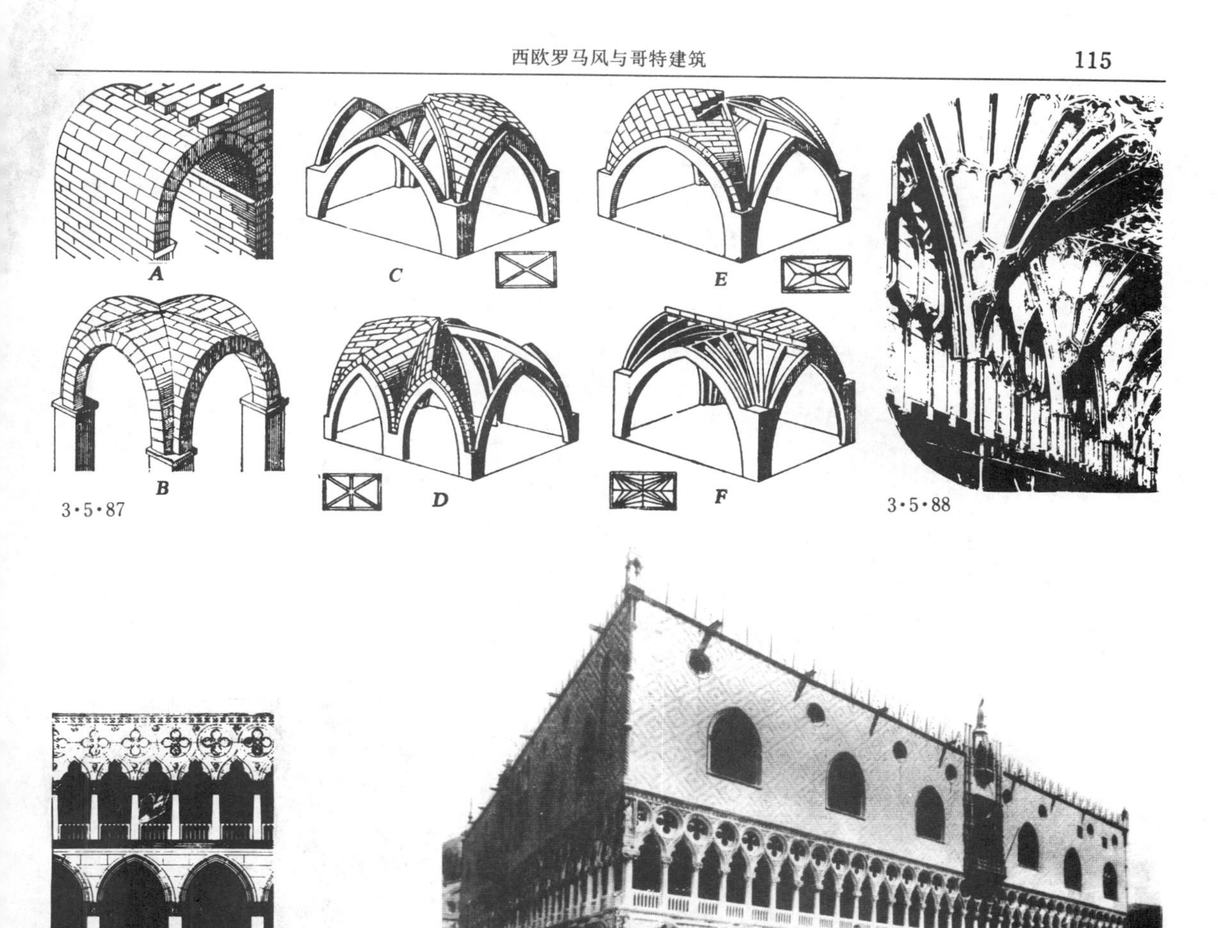

3·5·87

3·5·88

3·5·89

3·5·90

3·5·82

罗马风与哥特建筑的墩柱比较 左：罗马风时期墩柱呈圆柱形；右：哥特时期墩柱成束柱状。

3·5·83—86

券的形式比较

3·5·87

罗马风与哥特建筑的拱顶(参见图 2·6·62)

A.**筒　形　拱** 罗马风时期广泛采用。

B.**交　叉　式** 两个形状相同的筒形拱直角交叉而成。罗马风时期广泛采用。

C.**四分肋骨拱** 交叉拱相交处(棱沟)建有作为肋骨的券。罗马风时期的券为半圆形，哥特时期为尖券形。

D.**尖券六分肋骨拱** 将四分肋骨拱的大开间分为二，把拱顶划分为六部分。为 12 世纪以后哥特建筑的特征。

E，F.**尖券星形肋骨拱** 晚期哥特建筑在尖券四分拱上添上许多辅助肋，形成星状或其它图案。

3·5·88

英国在 15，16 世纪的**扇形拱顶(fan vault)**

3·5·89—90

威尼斯　公爵府(The Doge's Palace) 当地的总督府兼市政厅。始建于 9 世纪。下面两层(3·5·89)白色云石尖券敞廊建于 1309—1424 年，顶层建于 16 世纪，用白色与玫瑰色云石砌成。其立面处理常被用作为说明立面构图中的韵律感。

3·5·91

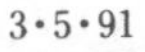

3·5·92

3·5·93

3·5·91—94

佛罗伦萨　佛契奥宫与西诺拉广场(**Palazzo Veccio**,意即老市政厅;**Piazza Signoria**,意即贵人广场)市政厅(1298—1314年,图3·5·91)用粗糙石块筑成。入口在一侧,窗户很小,顶层既象雉堞又象檐部似地向外挑出,上有一座敌楼似的方塔。广场平面(图3·5·95)不规则,周围房屋格调不一,反映了中世纪广场主要由于城市生活需要而逐渐形成的特点。14世纪时,建了兰兹敞廊(**Loggia dei Lanzi**,1376—1382年,图3·5·93,94);文艺复兴时期又点缀了雕象与喷水池等,使广场有露天博物馆之称。图3·5·92是从**Uffizi**大街入口遥望市政厅。图3·5·95是从大卫象背后看兰兹敞廊。

3·5·94

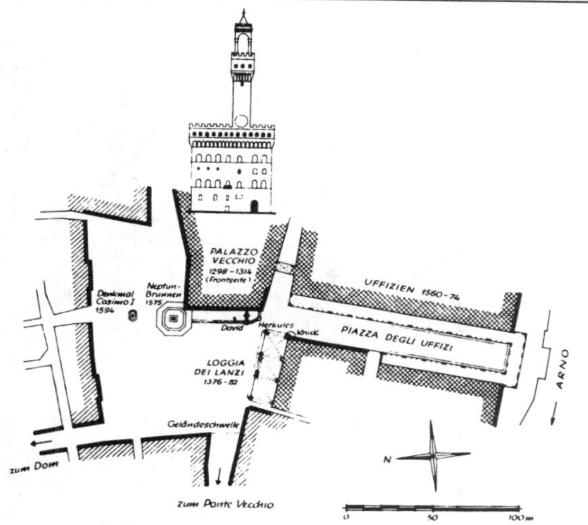

3·5·95

3·5·97

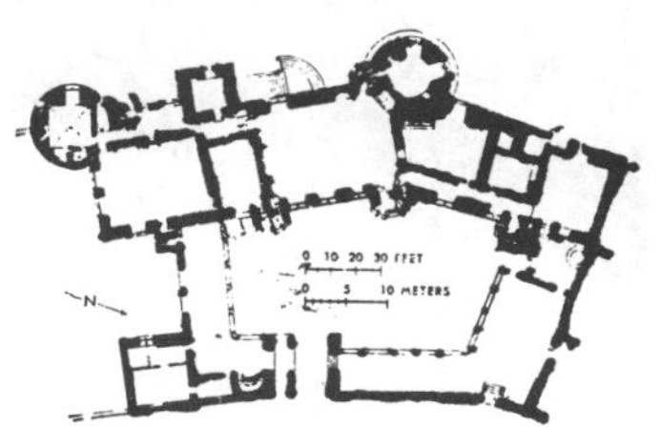

3·5·98

3·5·96

3·5·99

3·5·96

伊普雷　布交易所(**Cloth Hall, Ypres,** 1202—1304 年)　是比利时也是欧洲中世纪最杰出的商业建筑之一。第一次世界大战时被毁,后重建。

3·5·97—98

布尔日　雅各·克尔邸(**Hotal de Jacques Coeur,** 1443—1451 年)　在法国,是一商人住宅。反映中世纪建筑缺乏全面计划,在建造中具有很大自发性的特点。

3·5·99

卢万　市政厅(**Town Hall, Louvain** 1448 年)　其风格在比利时与荷兰较为普遍。

3·5·100

伦敦　老桥(1176—1200 年)　桥墩筑有"刹水桩",上有房屋,1832 年拆除后建新桥。

3·5·100

3·5·101

3·5·102

3·5·103

3·5·104

3·5·105

3·5·101—106

中世纪的民居 当时的民居由于就地取材、因地制宜与民族生活习惯各异，逐渐形成不同的地方风格(参见图 3·5·46—47)。图 3·5·101 是在法国的一城市街道；图 3·5·102 是法国某地一砖石民居；图 3·5·103 是英国林肯城内一砖石建筑(**Jew's House** 12 世纪)；图 3·5·104 是英国肯特城一半露木构架的房屋(**half timber house, Chiddingstone**, 14 世纪)；图 3·5·105 是德国纽仑堡的一座老屋；图 3·5·106 是半露木构架房屋的构造。

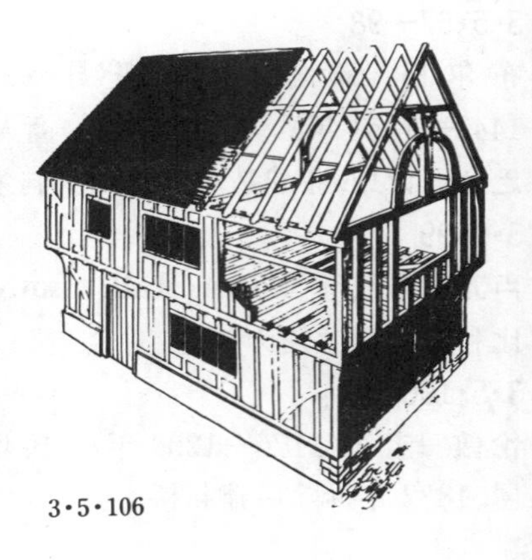
3·5·106

3·6 欧洲的文艺复兴、巴罗克与古典主义建筑（15—19世纪）

3·6·1

文艺复兴（**Renaissance**）、巴罗克（**Baroque**）和古典主义（**Classicism**）是15—19世纪先后、时而又并行地流行于欧洲各国的建筑风格。其中文艺复兴与巴罗克源于意大利，古典主义源于法国。也有人广义地把它们三者统称为文艺复兴建筑。

自从14世纪末，西欧一些国家由于耕种与手工业技术的进步，社会劳动分工日益深化，城市商品生产大为发展，资本主义因素也较快地发展了起来。资本主义的萌芽产生了新的阶级——资产阶级和与之相应的无产阶级。资产阶级为了动摇封建统治和确立自己的社会地位，在上层建筑领域里掀起了"**文艺复兴运动**"，即借助于古典文化来反对封建文化和建立自己的文化。这个运动的思想基础是"**人文主义**"。"人文主义"从资产阶级的利益出发，反对中世纪的禁欲主义和教会统治一切的宗教观，提倡资产阶级的尊重人和以人为中心的世界观。在它的影响下，自然科学在摆脱神学和经院哲学的束缚中有了很大的发展；在政治上则掀起了各国人民反对封建割据、实现民族统一国家的要求。文艺复兴建筑就是在这样的社会、经济与文化背景下产生的。

资本主义萌芽使城市建筑由于城市生活的变化而发生了很大的变化。随着资产阶级的上升，**世俗建筑**成为主要的建筑活动：资产阶级的府邸和象征城市与城市经济的市政厅、行会大厦、广场与钟塔等层出不穷；在那些建立了中央集权的国家中宫庭建筑也大大地发展了起来。但是，更主要的是文艺复兴运动赋予了这些建筑以一种新的不同于以往的面貌——**文艺复兴建筑风格**。它在反封建、倡理性的人文主义思想指导下，提倡复兴古罗马的建筑风格，以之取代象征神权的哥特风格。于是古典柱式再度成为建筑造型的构图主题；同时为了追求所谓合乎理性的稳定感，半圆形券、厚实墙、圆形穹窿、水平向的厚檐也被用来同哥特风格中的尖券、尖塔、垂直向上的束柱、飞扶壁与小尖塔等对抗。在建筑轮廓上文艺复兴讲究整齐、统一与条理性，而不象哥特风格那样参差不齐、富于自发性与高低强烈对比。

文艺复兴建筑风格最初形成于15世纪意大利的**佛罗伦萨**（**早期**：图3·6·2—13）；16世纪起传遍意大利并以**罗马**为中心（**盛期**：图3·6·14—42），同时开始传入欧洲其它国家。17世纪起，意大利因欧洲经济重心西移而衰退，只有罗马因教会拥有从大半个欧洲收取信徒贡赋的权利而依然富足。这时在意大利半岛中开始了两种风格的并存：一是以意大利北部**威尼斯**、**维琴察**等地为中心的文艺复兴余波（**后期**：图3·6·43—47）；另一是由罗马教庭中的耶苏教会所掀起的**巴罗克风格**。

3·6·2

巴罗克风格(图 3·6·48—3·6·62)从形式上看是文艺复兴的支流与变形,但思想出发点却与人文主义截然不同。其开始的目的是要在教堂中制造神秘迷罔同时又要标榜教庭富有的珠光宝气的气氛。它善于运用矫揉做作的手法来产生特殊效果：如利用透视的幻觉与增加层次来夸大距离之深远或探前；采用波浪形曲线与曲面,断折的檐部与山花,柱子的疏密排列来助长立面与空间的凹凸起伏和运动感；如运用光影变化,形体的不稳定组合来产生虚幻与动荡的气氛等等。此外,堆砌装饰和喜用大面积的壁画与姿态做作的雕象来制造脱离现实的感觉等等也是它的特点,"巴罗克"这个词的原意是歪扭的珍珠,后来的人把这时期的这种风格称为巴罗克是以示贬意。但由于它讲究视感效果,为研究建筑设计手法开辟了新领域,故对后来影响颇大,特别在王宫府邸中更为突出。

17 世纪,与意大利后期文艺复兴、巴罗克同时并进的有**法国古典主义风格**(图 3·6·66—80)。法国自 16 世纪起便致力于国家的统一,在建筑风格上逐渐脱离哥特传统走向文艺复兴。到 17 世纪中叶法国成为欧洲最强大的中央集权王国。国王为了巩固君主专制,竭力标榜绝对君权与鼓吹唯理主义,把君主制说成是"普遍与永恒的理性"的体现,并在宫庭中提倡能象征中央集权的有组织、有秩序的古典主义文化。古典主义建筑风格排斥民族传统与地方特点,崇尚古典柱式,强调柱式必须恪守古典(古罗马)规范。它在总体布局、建筑平面与立面造型中强调轴线对称、主从关系、突出中心和规则的几何形体,并提倡富于统一性与稳定感的横三段和纵三段的构图手法。古典主义强调外型的端庄与雄伟,内部则尽奢侈与豪华的能事,在空间效果与装饰上常有强烈的巴罗克特征。这种风格甚为欧洲各先后走向君主制的国家所欢迎。

18 世纪上半叶在法国宫庭的室内装饰中又流行了一种称为**洛可可**的装饰风格(3·6·81—84)。这种风格脂粉味很浓,是同路易十五时期经常由贵夫人主持宫庭活动分不开的。

这时期在建筑界中还有一件大事,就是**建筑师**的产生。他们原是一些手艺高超与善于体现业主意图的手工业匠人。城市建筑活动的越来越频繁使他们从匠人的队伍中分化出来成为专门主持设计与建造的建筑师。16 世纪中叶意大利开始设有包括研究建筑形式的"绘画学院"；17 世纪上半叶法国又设立了专为君主专制服务的法兰西学院,建筑师的队伍逐渐扩大,在建筑学院里古罗马维特鲁威的《建筑十书》(公元前 27 年),文艺复兴初期阿尔伯蒂的《论建筑》(1485 年),文艺复兴后期维尼奥拉的《建筑五柱式》(1562 年)和帕拉弟奥的《建筑四书》(1570 年)等等是学生的必读课本。

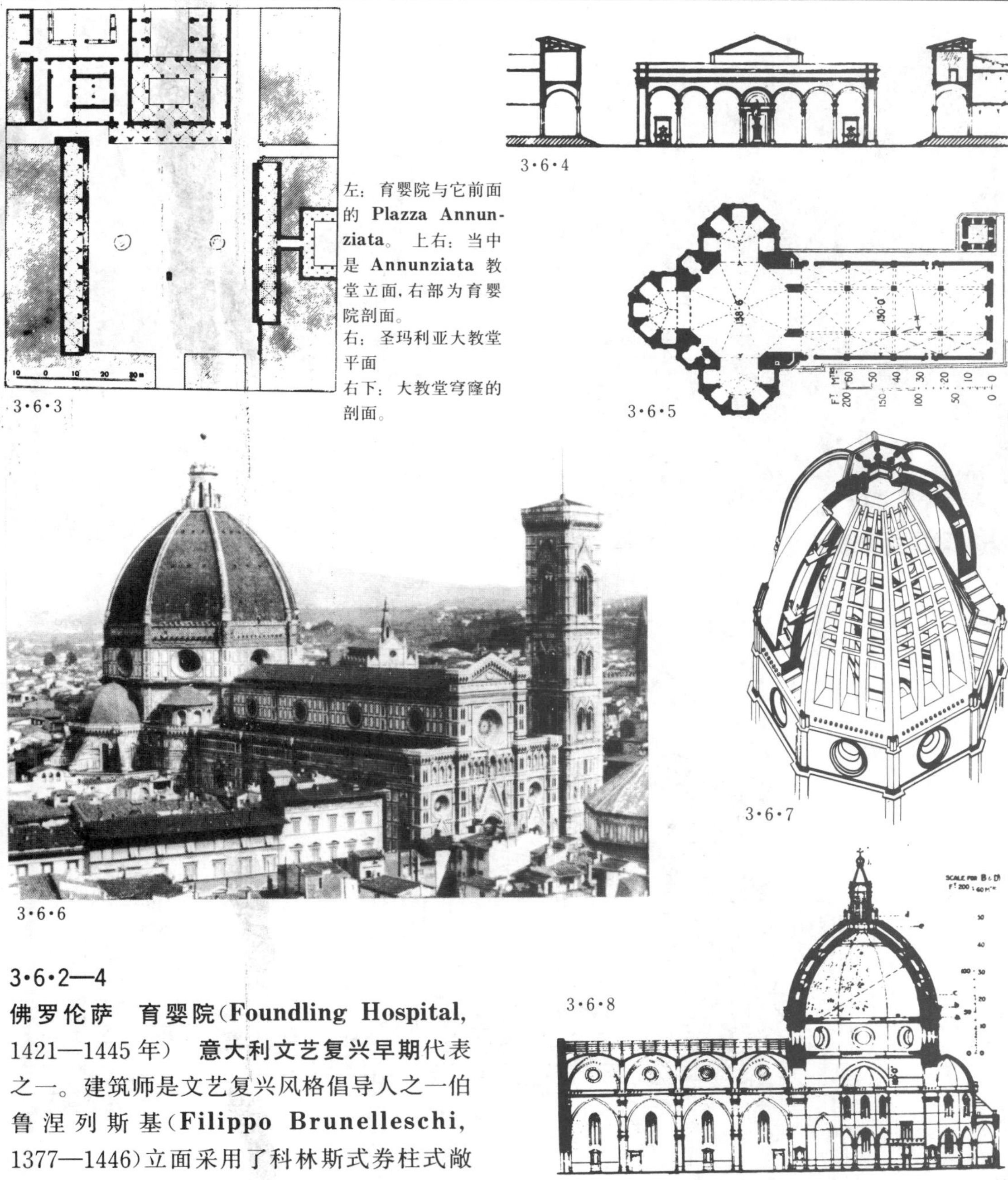

3·6·3

3·6·4

左：育婴院与它前面的 Plazza Annunziata。上右：当中是 Annunziata 教堂立面，右部为育婴院剖面。
右：圣玛利亚大教堂平面
右下：大教堂穹窿的剖面。

3·6·5

3·6·6

3·6·7

3·6·8

3·6·2—4

佛罗伦萨 育婴院(Foundling Hospital, 1421—1445年) **意大利文艺复兴早期**代表之一。建筑师是文艺复兴风格倡导人之一伯鲁涅列斯基(**Filippo Brunelleschi,** 1377—1446)立面采用了科林斯式券柱式敞廊和水平檐部等古典手法；前面是长方形的封闭式广场。

3·6·5—8

佛罗伦萨 圣玛利亚大教堂的穹窿(The Dome of S. Maria del Fiore, 1420—1434年) 教堂始建于1296年，以后曾经多人修建，但正殿的顶盖始终是个悬而难决的问题。1420年通过设计竞赛选用了伯鲁涅列斯基的方案，并由他负责督建。伯鲁涅列斯基在设计中综合了古罗马形式与哥特结构并加以创新，终于实现了这一开拓新时代特征的杰作。穹窿内径42米，高30余米，为了使穹窿能在城市天际线中起作用，下面有一高12米的八角形鼓座，而这种做法又是来自拜占廷的。

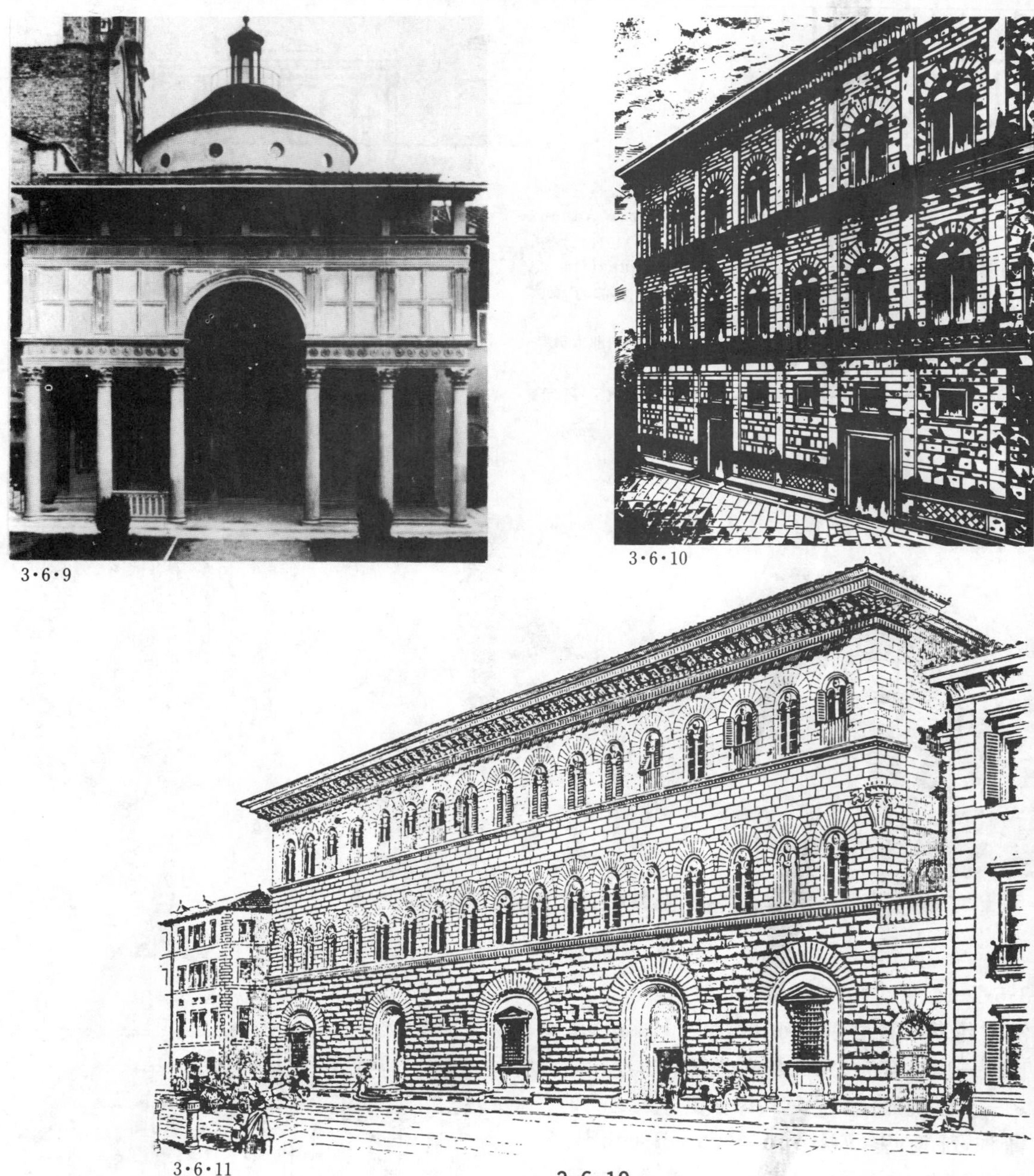

3·6·9

3·6·10

3·6·11

3·6·9

佛罗伦萨　巴齐礼拜堂(**Pazzi Chapel**, 1429—1446年)　伯鲁涅列斯基的另一杰作,是一矩形平面的集中式教堂。规模不大,中央穹窿直径10.9米,左右各有一段筒形拱。正面是一进深5.3米的科林斯柱式门廊,正中跨度较宽,做成券状,上面有一小穹顶。

3·6·10

佛罗伦萨　鲁切拉府邸(**Palazzo Rucellai**, 1446—1451年)　立面分三层,每层都有壁柱与水平向线脚,二、三层窗用半圆券,顶上以一个大檐口把整座建筑统一起来。这种处理手法在文艺复兴时期比较流行。建筑师是**早期文艺复兴**建筑理论家阿尔伯蒂(**Leone Battista Alberti**, 1404—1472)。

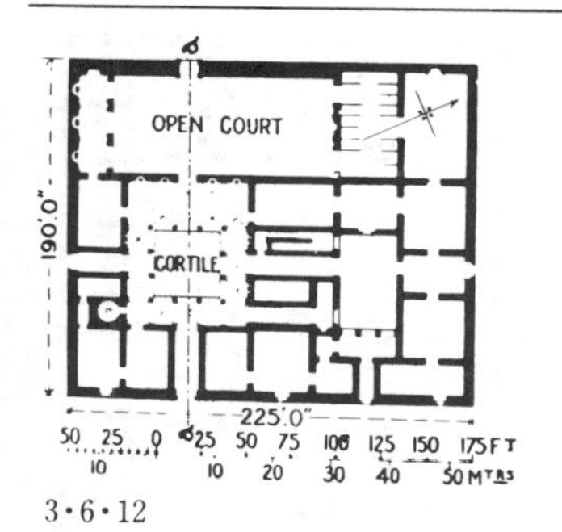

3·6·12

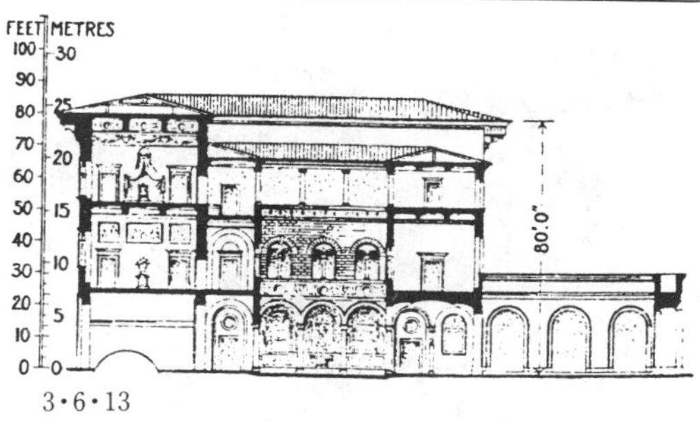

3·6·13

3·6·14

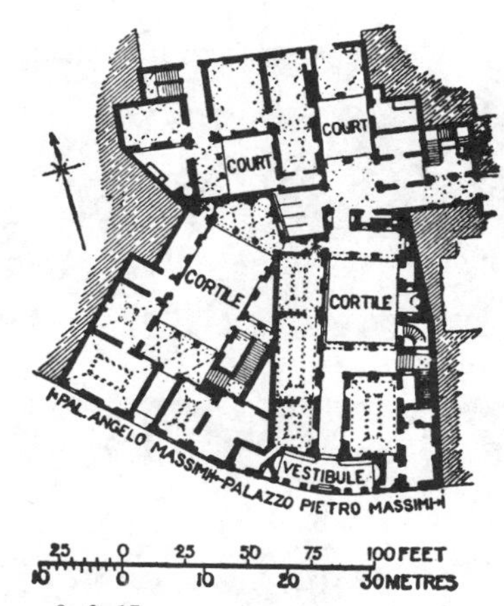

3·6·15

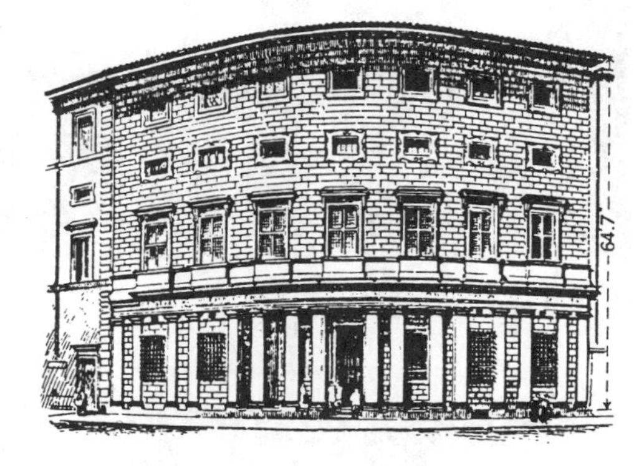

3·6·16

3·6·11—13

佛罗伦萨　吕卡弟府邸(Palazzo Ricardi, 1444—1460 年）　**早期文艺复兴**的典型作品，原是市长美弟琪(**Medici**)家的府邸。建筑师米开罗佐(**Michelozzo Michelozzi** 1396—1472)。其布局大致分为两部分(图 3·6·12)：左面环绕一券柱式迴廊内院的是主人的起居部份，主要活动在二楼，后面有一服务性后院；右面环绕一天井的是随从与对外商务联系之用。立面构图为了追求稳定感，三层墙面各层处理不同。底层以粗石砌筑；二层用平整的石块但留较宽与较深的缝；第三层是磨石对缝。檐口较厚，出挑约 2.5 米，其厚度为立面总高之八分之一，与柱式的比例相同。

3·6·14

佛罗伦萨　潘道菲尼府邸(Palazzo Pandolfini, 1520—1527 年）　建筑师是艺术家拉斐尔(**Raphael Sanzio,** 1483—1520)。外墙采用了粉刷与隅石的结合，反映了**文艺复兴盛期**在手法上的探求。

3·6·15—16

罗马　麦西米府邸(Palazzo Massimi, 1535 年）　房屋顺着街道的转角布置，外墙呈弧形。墙面处理简单而平坦，但入口向内凹入成廊状，加上底层壁柱的衬托，使之具有一定的深度感，也就加强了它的表现力。建筑师帕鲁齐(**Baldassare Peruzzi,** 1481—1536)

3·6·17

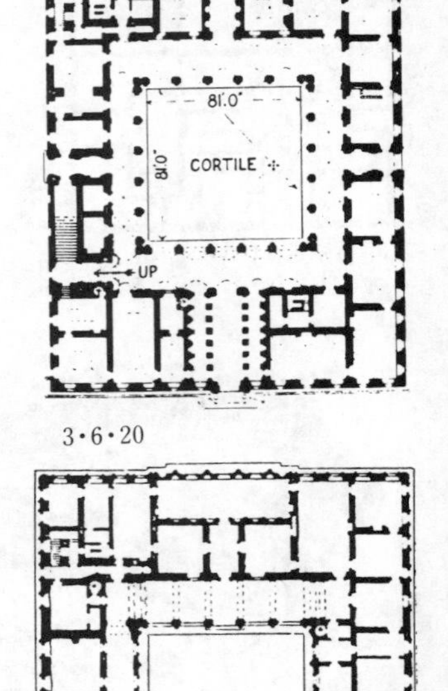

3·6·20

3·6·17 外　观
3·6·18 内　院
3·6·19 门　厅
3·6·20 底层平面
3·6·21 二层平面

3·6·18

10 0 10 20 30 40METRES

3·6·21

3·6·17—21

罗马　法尔尼斯府邸(Palazzo Farnese, 1515 年始)　典型的**盛期文艺复兴**府邸，手法成熟。原是教皇的住所，建筑师是小桑加洛(**Antonio da San Gallo, the younger,** 1485—1546)。平面为一大体对称的矩形，有明显的主轴与次轴线，布局整齐，中央是 24.5 米见方的内院(图 3·6·20)，周围环有券柱式迴廊，主要的房间在二楼。内院的立面三层分别用不同形式的壁柱、窗裙墙和窗楣山花。第三层的立面设计人是艺术家米开朗琪罗(**Michelangelo Buonarroti**,1475—1564)。门厅为巴西利卡式(图 3·6·19)，宽 12 米，深 14 米，有两排多立克式柱子，上面的拱顶复满华丽的装饰。外墙用灰泥粉刷，入口居立面(图 3·6·17，宽 56 米，高 295 米)正中，用粗石砌成，并与二层的门洞连贯起来处理，形式显著。前面的广场形状整齐，有一对喷水池，突出了房屋的中心。

3·6·19

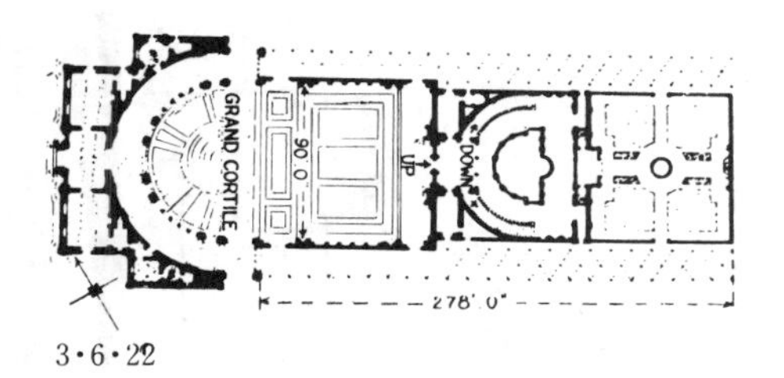

3·6·22

3·6·23

3·6·24

3·6·25

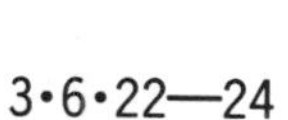

3·6·22—24

罗马 教皇尤利亚三世的别墅(Villa of Pope Julius Ⅲ, 1550—1555年) 罗马**文艺复兴盛期**的花园别墅。它从外面(图3·6·23)看虽也高墙深院,但内部的半圆形庭院(图3·6·22,24)开向花园并与之打成一片。花园沿着120米长的纵轴线(图3·6·22),依着地势高低错落、层层次次地布置了廊、台阶、喷泉与花圃等等,对后来影响很大。建筑师是维尼奥拉(**Giacomo Barozzi da Vignola**, 1507—1573)。

3·6·25

罗马 坦比哀多(Tempietto in S. Pietro in Montorio, 1502—1510年) 是一仿罗马神庙式的小教堂,建于蒙多里亚圣彼得修道院的迴廊内院中。建筑体量不大,园厅内直径只有4.5米; 但形体端庄、手法娴熟。外面有一圈由16根多立克式柱子组成的回廊,檐部上面是一有鼓座的穹窿。建筑师是盛期的大师伯拉孟特(**Donato Bramante**, 1444—1514)。

3·6·26

威尼斯的水街街景,两旁为住宅。

3·6·26

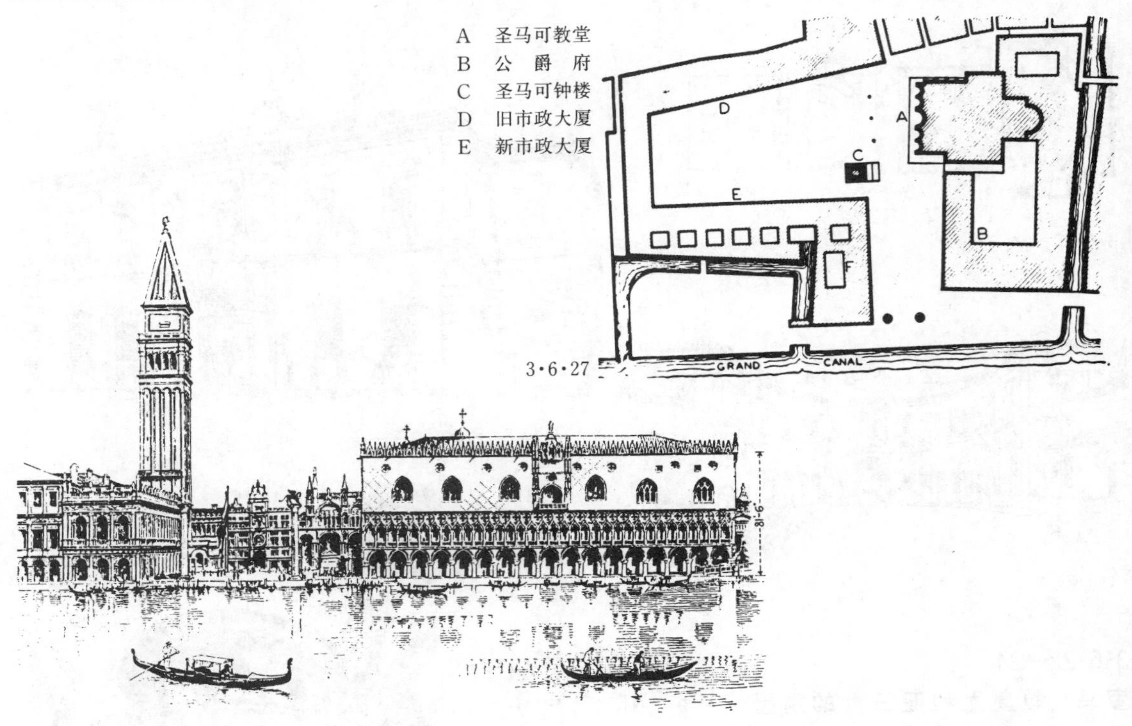

3·6·27

3·6·28

3·6·29

3·6·27—32

威尼斯 圣马可广场(Piazza and Piazzetta San Marco, 14—16 世纪) 威尼斯的中心广场,南濒亚德里亚海,是一由三个梯形平面的空间组成的复合广场(图 3·6·27,32)。广场中心是**圣马可教堂**(图 3·1·17—20,3·6·31)。**主广场**在教堂的正面,封闭式,长 175 米,两端宽度分别为 90 米和 56 米,周围是下有券柱式迴廊的房屋,是该城的宗教、行政和商业中心。**次广场**在教堂南面,开向亚德里亚海,南端的两根柱子(图 3·6·29)**划出**了广场与海面的界限,是该城的海外贸易中心。**教堂北面的小广场**是主广场的一个分支,常是市民游息、约会与自由集合的场所。广场从中世纪自发形成后,经过不断的改建才形成现存的样子。建筑物均建于不同时期,但既有各自的时代特色又能相互配合,联成一整体。处于教堂西南角附近的**大钟楼**高 100 米(图 3·6·31)始建于 10 世纪,在构图上起着统一全局的作用(3·6·28, 31, 32),并使海外的商船在远处便能看到(图 3·6·28)。次广场傍的**公爵府**(图 3·5·89—90)属哥特风格,庄严秀丽。在它对面是两层高的**圣马可图书馆**(**Liberia S. Marco,** 1553 年),建筑师为珊索维诺(**Jacopo Sansovino,** 1486—1570),是一座券柱式的(图 3·6·30 是它的局部)壮丽而又活泼的**盛期**代表作。16 世纪,主广场进行大改建时,广场周围的迴廊就是按此样式改建的。

3·6·27 圣马可广场总平面
3·6·28 从亚德里亚海海湾看广场、公爵府与钟楼
3·6·29 从主广场圣马可教堂门前看次广场，左面是公爵府，右面是圣马可图书馆。
3·6·30 圣马可图书馆 立面局部
3·6·31 从广场西入口的拱门看教堂与钟楼
3·6·32 圣马可广场鸟瞰

3·6·30

3·6·31

3·6·32

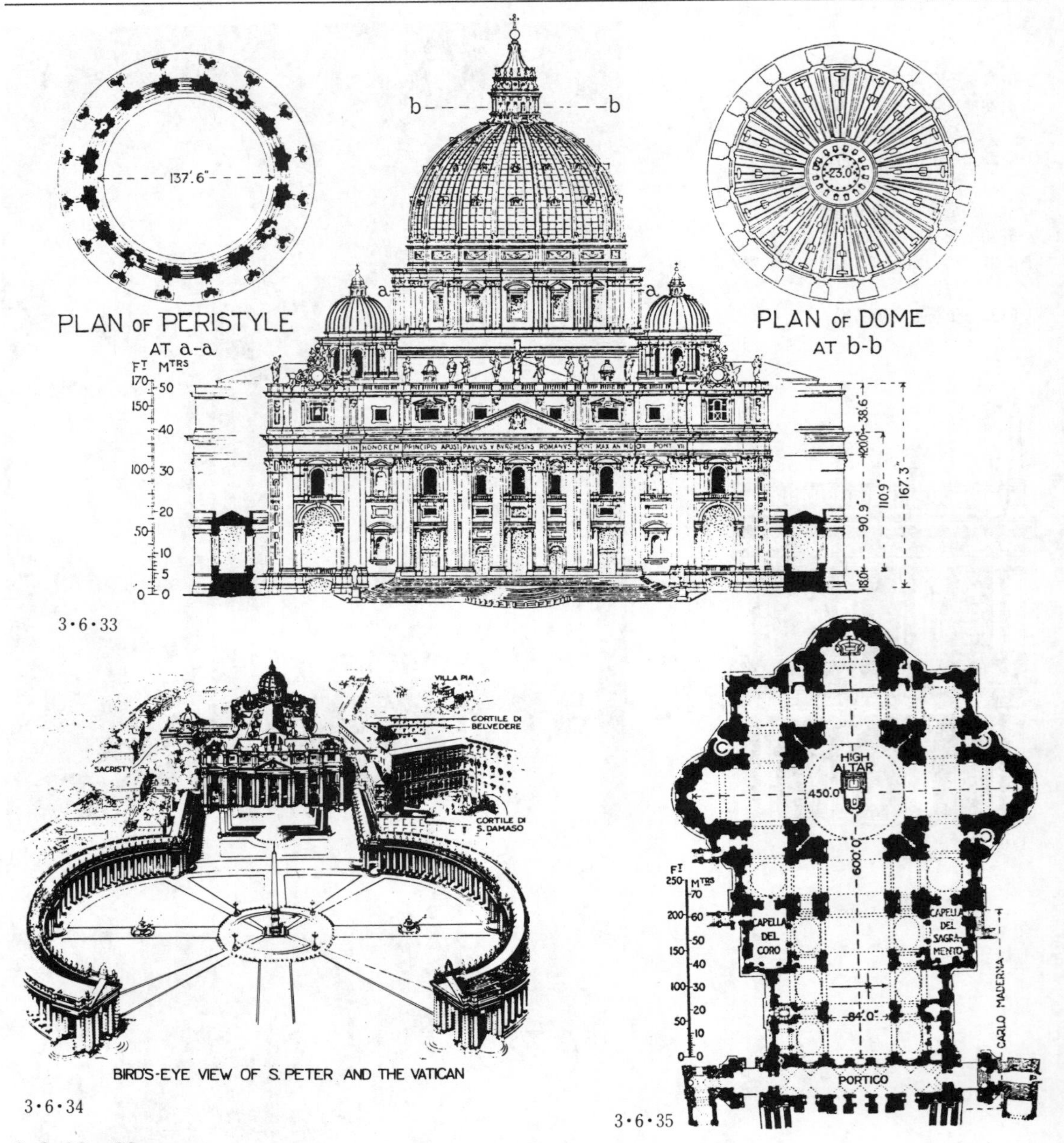

3·6·33

3·6·34

3·6·35

3·6·33—39

罗马　圣彼得主教堂(S. Peter, 1506—1626 年)　意大利**文艺复兴盛期**的杰出代表,世界最大的天主教堂,梵蒂冈的教廷教堂。许多著名建筑师与艺术家曾参与设计与施工,历时 120 年建成。**平面**拉丁十字形(图 3·6·35),外部共长 213.4 米,翼部端长 137 米。**大穹窿**内径 41.9 米,从上面采光塔顶上十字架顶端到地面为 137.7 米,是原罗马城的最高点。内部墙面用各色大理石、壁画、雕刻等装饰(图 3·6·37),富丽堂皇。穹窿为夹层,内层上有藻井形的天花,下面是神亭。外墙面是花岗石的、以大柱式的壁柱作装饰(图 3·6·33)。前面的**广场**(图 3·6·34,38)最后是由伯尼尼(**Giovanni Lorenzo Bernini,** 1598—1680)设计的,建于 1655—1667 年,由一个梯形与一长圆形广场复合而成,是巴罗克式广场的代表。

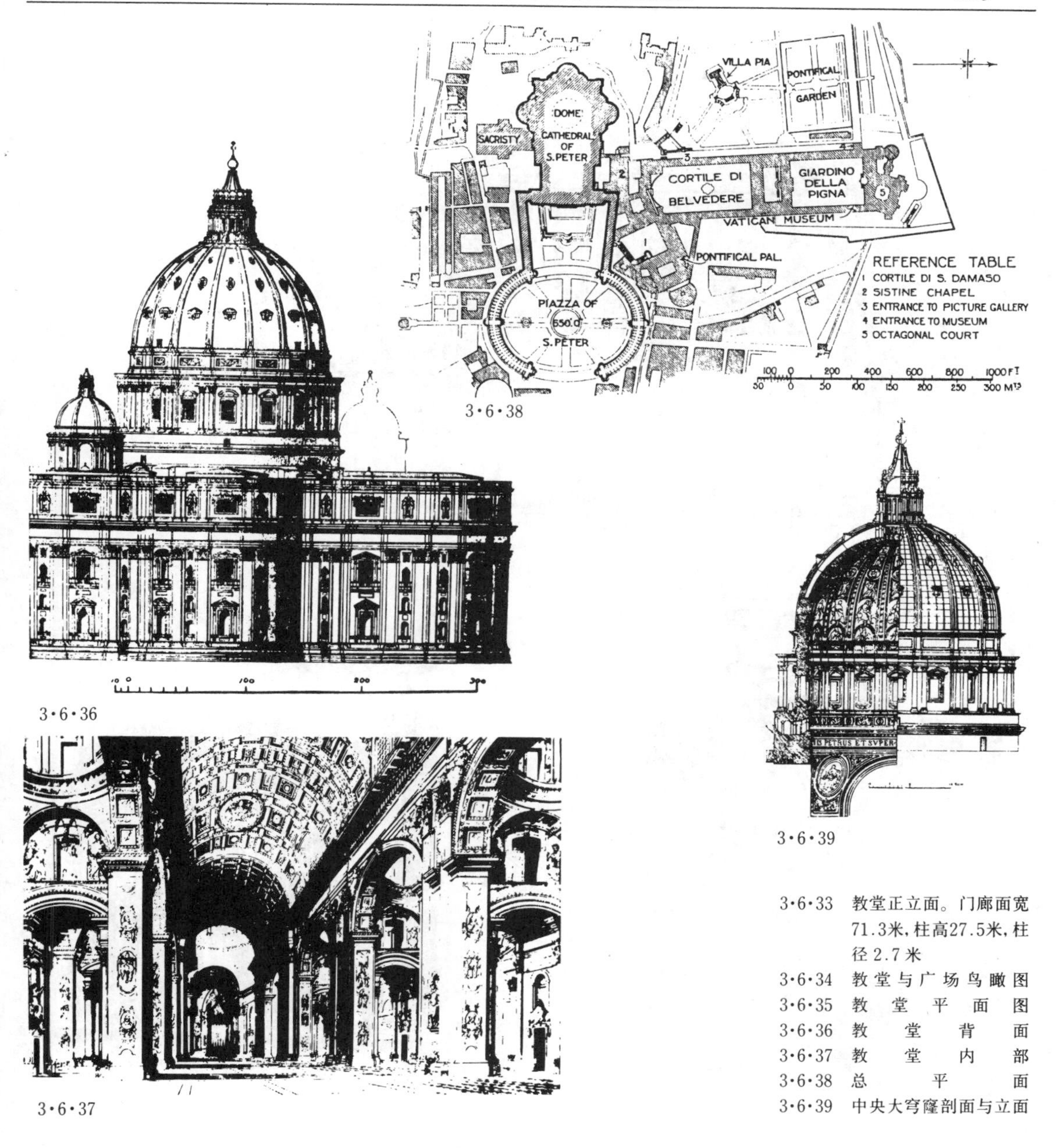

3·6·38

3·6·36

3·6·39

3·6·37

3·6·33 教堂正立面。门廊面宽71.3米，柱高27.5米，柱径2.7米
3·6·34 教堂与广场鸟瞰图
3·6·35 教堂平面图
3·6·36 教堂背面
3·6·37 教堂内部
3·6·38 总平面
3·6·39 中央大穹窿剖面与立面

教堂集中了许多著名匠师的心血，有一定的成就。但因受到教会急欲重振教皇绝对权威的思想影响，也存在着缺点。如最初被录用的伯拉孟特在1505年的设计是集中式的；1547年米开朗琪罗为它设计了与之相应的中央大穹窿(图3·6·39)与正立面，其比例与格调和谐一致(参见教堂的背面，图3·6·36)。但教皇认为集中式不能突出圣坛，也不利于制造圣坛是“彼岸”的气氛，命令玛丹纳(**Carlo Maderno**，1556—1629)把教堂改为巴西利卡式并加建了如今的硕大无比的大门廊(1606—1612年)。结果尽管前面的广场已放得很大，但从广场入口看教堂时，穹窿被遮住了大部份，失去了应有的效果。

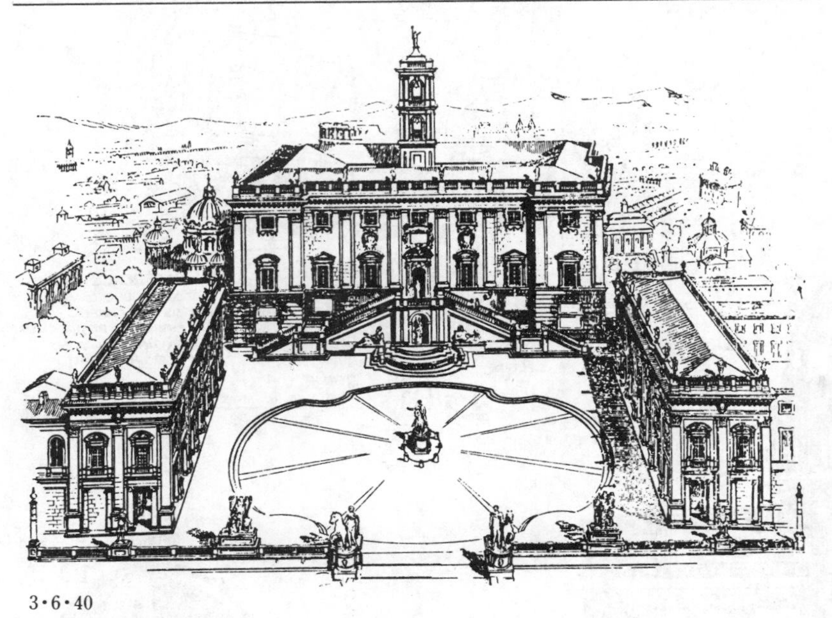

3·6·40

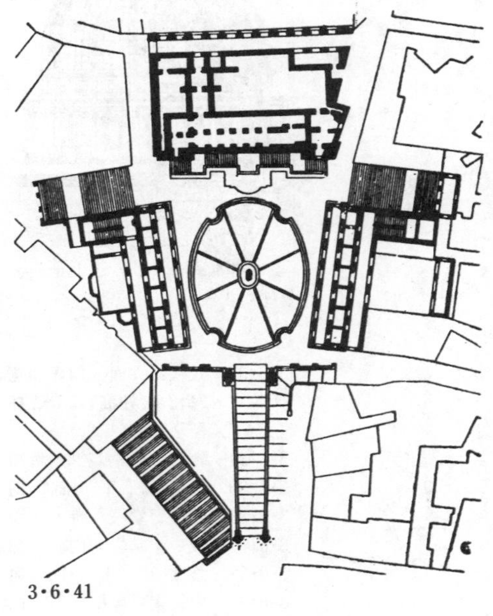

3·6·41

3·6·42

3·6·40—42

罗马　卡比多广场(The Capitol, 即罗马市政广场,1546—1644年)　罗马教皇对罗马城内卡比多山(**Capitol Hill**, 政府山)上的残迹进行改建后的成果。广场呈梯形,进深79米,两端分别为60米与40米(图3·6·41),入口有大阶梯自下而上。梯形广场在视感上有突出中心,把中心建筑物推向前之感,是**文艺复兴盛期**始用的手法。广场的主体建筑是元老院,中央有高耸的塔楼;南边(图3·6·40之右)是档案馆,北边(同上之左)是博物馆。后两座建筑立面在巨柱式之间再有小柱式的分层次的处理手法(图3·6·42)对后来影响很大。广场正中有罗马皇帝铜像,地面铺砌有彩色大理石图案,周围有雕像,装饰华丽。建筑师是米开朗琪罗。

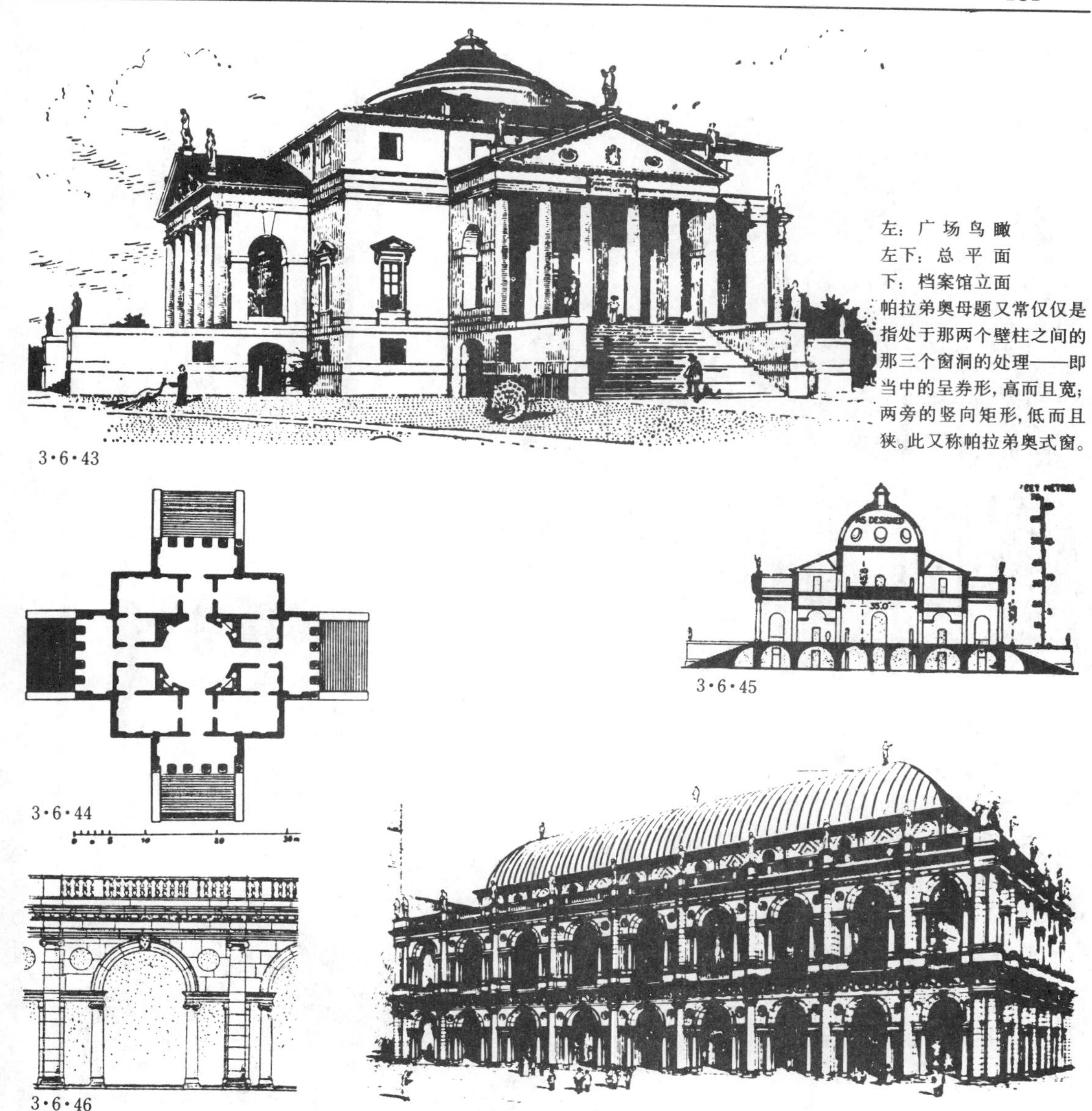

左：广场鸟瞰
左下：总 平 面
下：档案馆立面
帕拉弟奥母题又常仅仅是指处于那两个壁柱之间的那三个窗洞的处理——即当中的呈券形，高而且宽；两旁的竖向矩形，低而且狭。此又称帕拉弟奥式窗。

3·6·43

3·6·44

3·6·45

3·6·46

3·6·47

3·6·43—45

维琴察　圆厅别墅(**Rotunda**，或称卡普拉别墅，**Villa Capra** 1552 年始)　意大利文艺复兴后期大师帕拉弟奥(**Andrea Palladio**，1508—1580)的代表作之一。平面(图3·6·44)正方形，四面有门廊，廊中有爱奥尼克式柱子六根，前有大台阶，正中是一上有穹窿的圆形大厅(图 3·6·43，45)。这是一种把集中式应用到居住建筑中的尝试。严谨的四面对称伤害了居住的功能，但形象上的主宰四方之感吸引了后来不少的追随者。

3·6·46—47

维琴察　巴西利卡(**The Basilica，Vicenza**，1549—1614 年)原是一建于 1444 年的哥特式大厅。帕拉弟奥奉命改建时在外围加了一圈两层的券柱式围廊。此券柱式构图细腻，有条不紊，由于在尺度上有两个层次，适应性强。后从者甚众，称之为**帕拉弟奥母题**(**Palladian Motif**)。

3·6·48

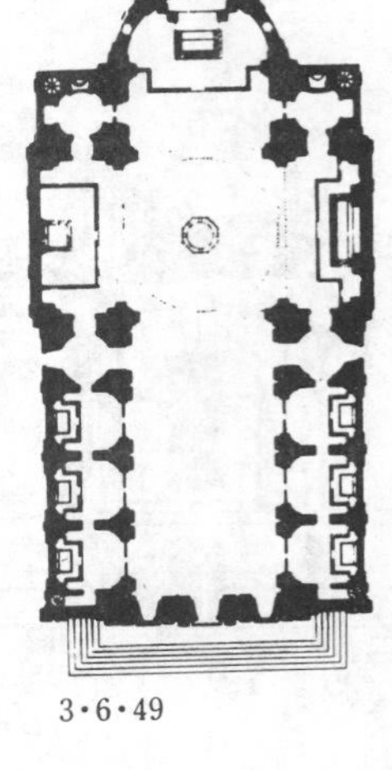

3·6·49

3·6·48—49

罗马　耶苏会教堂(**The Gesù**, 1568—1602)
维尼奥拉与泡达(**Giacomo della Porta**, 约 1537—1602)设计。教堂布局巴西利卡式平面略呈十字形(图 3·6·49),但外形(图 3·6·48)不同于一般。如正面的壁柱是成对排列的,在中厅外墙与侧廊外墙之间有一对大卷涡以及中央入口处的山花是双重的等等。故耶苏教堂有第一座**巴罗克建筑**之称。

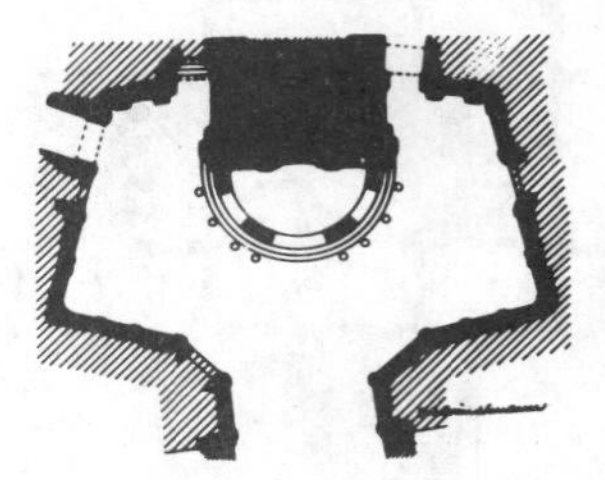

3·6·50

3·6·50—51

罗马　和平圣玛利亚教堂(**S. Maria della Pace**, 1656—1657 年)　**巴罗克建筑**善于从凹凸面的对比中突出主题的典型实例。建筑师科托那(**Pietro da Cortona**, 1596—1669)。教堂入口处于一很小的迴廊内院中。立面向两旁展开,分两层处理,底层与两旁的迴廊平接,上层则退后凹入呈弧形,于是中央部份相形之下便显得探伸向前了。但底层并不平淡,而是向前舒展形成一半圆形的门廊。立面上的柱子、壁柱与倚柱的间距疏密不等,用以加强前后凹凸的效果。

3·6·51

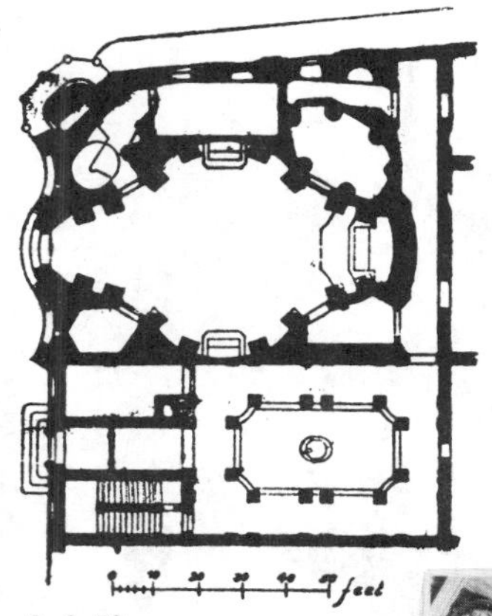
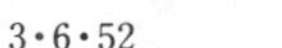

3·6·52

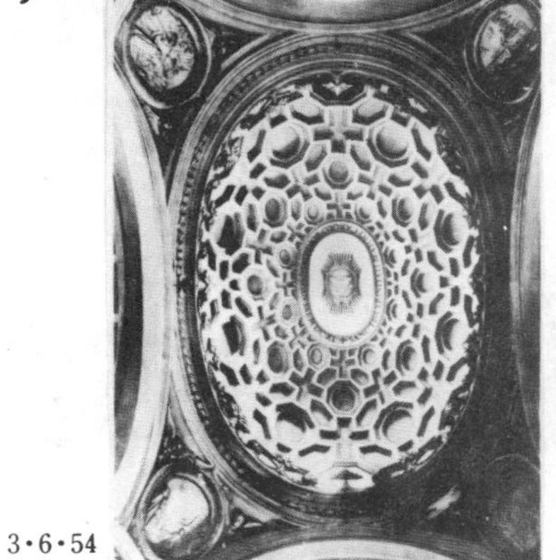
3·6·54

3·6·53

3·6·52—54

罗马　圣卡罗教堂（San Carlo alle Quattro Fontane, 1638—1667 年）　是一典型的巴罗克教堂。建筑师波洛米尼（**Francesco Borromini,** 1599—1667）。教堂基地狭小。主殿平面（图 3·6·52）是一变形的希腊十字，内部空间凹凸分明并富于动态感，顶部天花是几何形的藻井形，来自夹层穹窿（图 3·6·54）的光源使室内光影变化强烈。特别是在临街的西立面中（图 3·6·53），波浪形檐部的前后与高低起伏，凹面、凸面与圆形倚柱的相互交织，使这座规模不大的教堂在此狭窄与拥挤的街道中显得生动与醒目。

3·6·55

罗马　康帕泰利的圣玛利亚教堂（S. Maria in Campitelli, 1663—1667）　其外型效果与圣卡罗教堂同，但手法严谨，是盛期巴罗克的作品。建筑师为赖纳弟（**Carlo Rainaldi,** 1611—1691）。

3·6·55

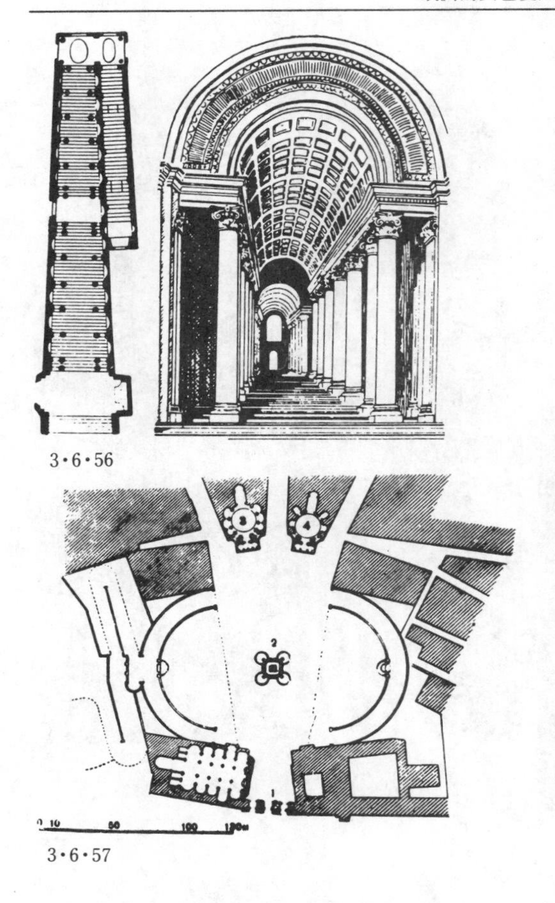

3·6·56

3·6·57

3·6·56

梵蒂冈教皇接待厅前的大阶梯 (**Scala Regia in Vatican**, 1663—1666 年) **巴洛克建筑**运用透视原理来增加空间深越感和运用光影变化来加强空间神秘感的典型作品。建筑师是伯尼尼，即圣彼得大教堂前广场的设计人。

3·6·57—59

罗马 波波罗广场(**Piazza del Popolo**, 17 世纪) 位于罗马城北门内，为了要造成由此可以通向全罗马的幻觉，把广场设计成为三条放射形大道的出发点(图 3·6·57)。广场长圆形，有明确的主轴与次轴，中央有方尖石碑，位于放射形大道之间建有一对形式近似的教堂(图 3·6·59)，更突出了广场的中心。建筑师法拉弟亚 (**Giuseppe Valadier**, 1762—1839)。

3·6·58

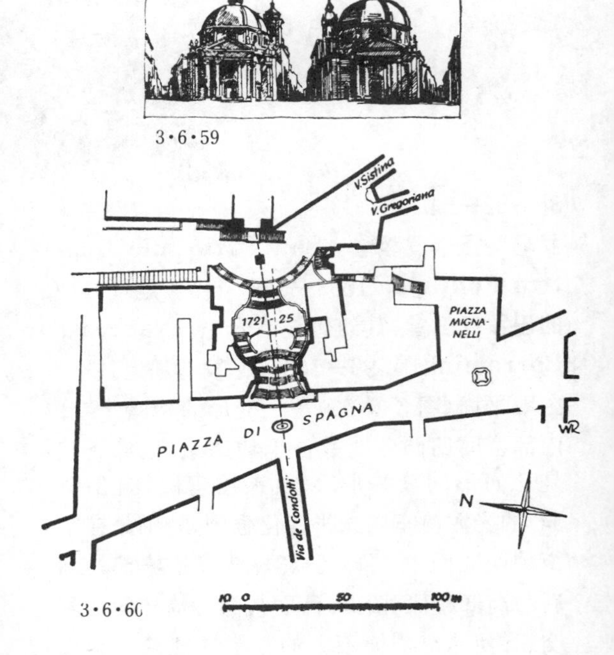

3·6·59

3·6·60

3·6·60—62

罗马 西班牙大阶梯 (**Scala di Spagna**, 1721—1725 年) 大阶梯的西面(下面)是西班牙广场，东面(上面)是三位一体教堂(**S. Trinta de Monti**)前的广场。阶梯平面花瓶形，布局时分时合(即在此上行的人不断地在转换方向)，巧妙地把两个不同标高、轴线不

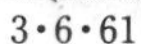

3·6·61

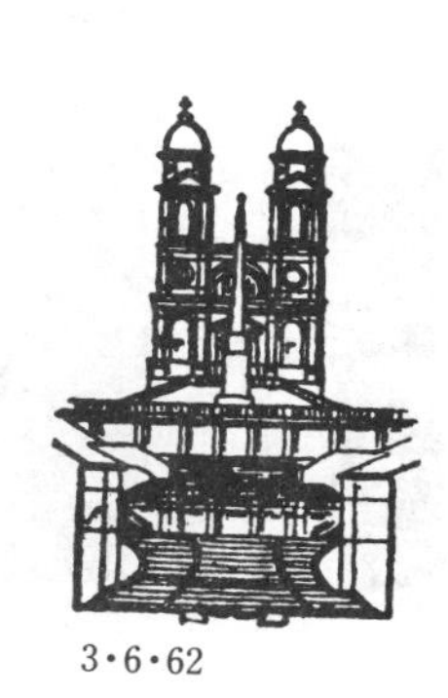

3·6·62

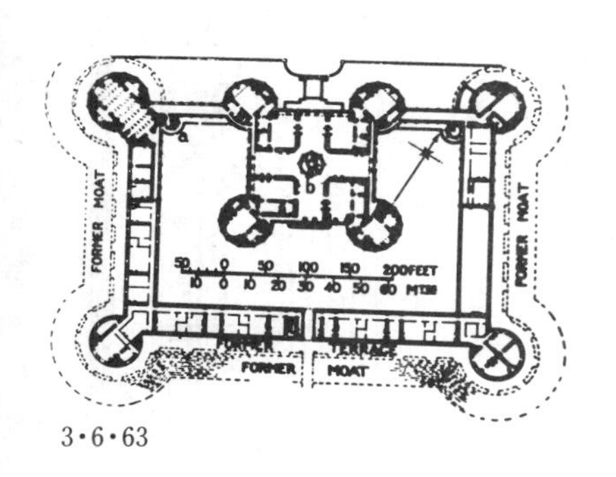

3·6·63

3·6·64

一的广场统一起来，表现出巴洛克灵活自由的设计手法。建筑师斯帕奇(**Alessandro Specchi**, 1668—1729)。

3·6·63—65

法国　尚堡府邸(Chǎteau de Chambord, 1526—1544 年)　原为法国国王法兰西斯一世的猎庄和离宫，**法国早期文艺复兴**风格的典型(设计人为 **Pierre Nepveu**)。平面布局(图 3·6·63)和造型(图 3·6·64)还保持着中世纪传统的特点，有角楼、护壕和吊桥，屋顶高低参差复杂。但其布局与造型上的对称、墙面的水平划分与细部的线脚处理(图 3·6·65)则是文艺复兴的。

3·6·65

3·6·66

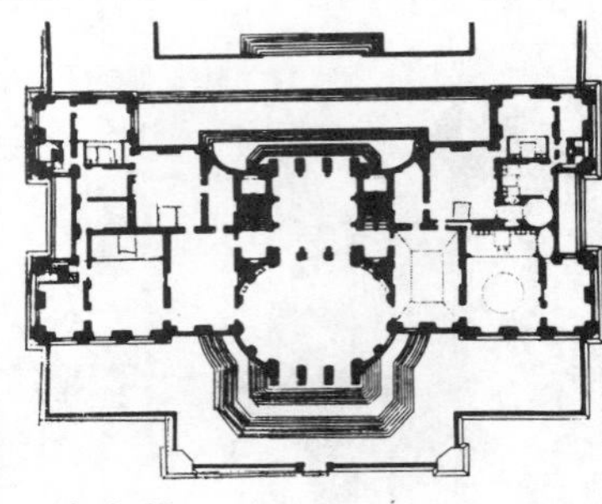

3·6·67

3·6·68

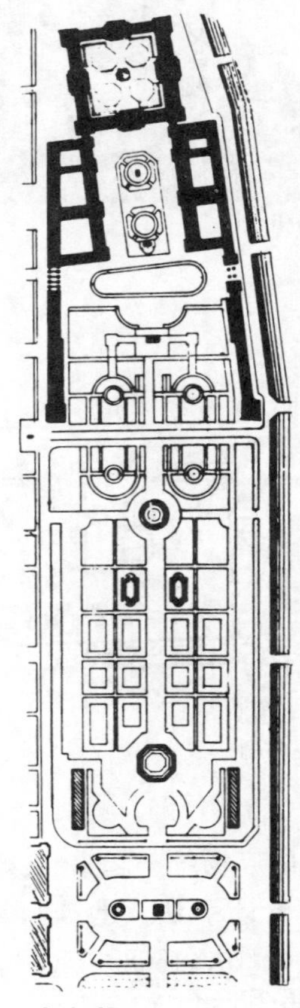

3·6·69

3·6·68 “西立面”外观
3·6·69 总体平面
3·6·70 总体鸟瞰
3·6·71 “东廊”外观
3·6·72 “东廊”立面

3·6·66—67

维康府邸(Chateau Vaux-le-Vicomte, 所在地名,1656—1660年) 法国**早期古典主义建筑的代表**,路易十四的财政大臣福克(**Fouquet**)的府邸,建筑师勒伏(**Louis Le Vau,** 1612—1670)。房屋与前面的花园严谨地依着同一轴线对称地布局。前者以一椭圆形的沙龙(**Salon,** 客厅)为中心,两旁是连列厅;外形与内部空间呼应,中央是一椭圆形穹窿,两端是法国独创的方穹窿。花园的道路分布、绿化配置与水池亭台等,全部都是几何形的。设计人是勒诺特(**André Le Nôtre,** 1613—1700)。

3·6·68—72

巴黎卢佛尔宫(The Louvre, 1546—1878年) 又译鲁佛尔宫、罗浮宫。法国历史上最悠久的王宫,原为一90米见方的四合院,自16世纪起屡经改建与扩建至18世纪形成现存的规模(图3·6·69—70)。东面四合院外的**西立面**(图3·6·68)始建于1546—1559年(设计人 **Pierre Lescot,** 1510—1578)、扩建

3·6·70

3·6·71

3·6·72

于 1624—1654 年(设计人 **Jacques Lemercier** 1585—1654),是**法国文艺复兴盛期**作品的代表。其立面有明显的水平向划分,每隔数开间便有一竖向构图,上部有半圆形山花,正中部份特宽,三角形山花上还有方穹窿,装饰很多,风格属巴罗克式。院外的东立面又称**卢佛尔宫东廊是法国古典主义**建筑的代表(图 3·6·71—72,设计人为彼洛 **Claude Perrault** 1633—1688,勒伏,勒勃亨 **Charles Le Brun** 1619—1690)。东廊长 183 米,高 28 米,构图采用横三段与纵三段的手法。横向底层结实沉重,中层是虚实相映的柱廊,顶部是水平向厚檐,各部分比例依次为 2:3:1。纵向实际上分五段,以柱廊为主但两端及中央采用了凯旋门式的构图,中央部分则上有山花。柱廊采用双柱以增加其刚强感。造型轮廓整齐、庄重雄伟,被称为是理性美的代表,后广为欧洲各国王公所模仿。

3·6·73

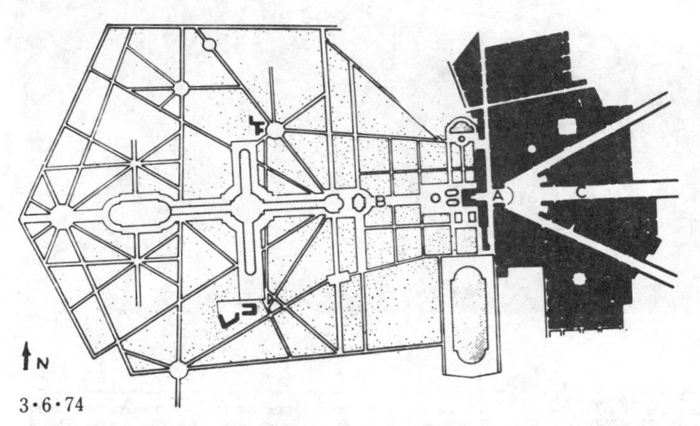

3·6·74

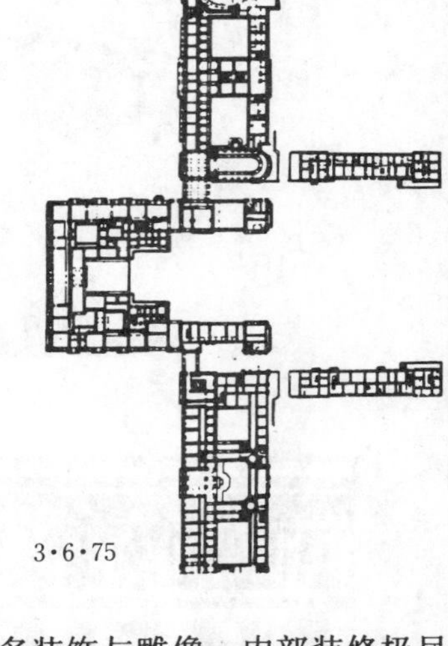

3·6·75

3·6·73—80

凡尔赛宫(Palais de Versailles, 1661—1756)　欧洲最大的王宫，位于巴黎西南凡尔赛城。原为法王的猎庄，1661 年路易十四令勒伏进行扩建，到路易十五时期才完成。王宫包括宫殿、花园与放射形大道三部份(图 3·6·73—74)。**宫殿**南北总长约 400 米(图 3·6·75)，主要建筑师为 **J.H.** 孟莎(**Jules Hardouin Mansart**, 1646—1708)。中央部份供国王与王后起居与工作，南翼为王子、亲王与王妃命妇之用，北翼为王权办公处并有教堂、剧院等等。建筑风格属古典主义。立面为纵、横三段处理(图 3·6·76, 77)，上面点缀有许多装饰与雕像。内部装修极尽奢侈豪华的能事。居中的国王接待厅，即著名的**镜廊**(**Galerie des Glaces**, 图 3·6·78)，长 73 米，宽 10 米，上面的角形拱顶高 13 米，是一富有创造性的大厅。厅内侧墙上镶有 17 面大镜子，与对面的法国式立地窗和从窗户引入的花园景色相映成辉。**宫前大花园**自 1667 年起由勒诺特设计建造，面积 6.7 平方公里，纵轴长 3 公里。园内道路、树木、水池、亭台、花圃、喷泉等均呈几何形，有统一的主轴、次轴、对景等等，并点缀有各色雕像(图

3·6·76

3·6·73 总体鸟瞰 3·6·74 总体平面
3·6·75 宫殿平面 3·6·76 宫殿外观
3·6·77 宫殿东外观及入口前的大理石院
3·6·78 用彩色大理石和镀金装璜的镜廊
3·6·79 镜廊剖面(左) 宫殿立面(右)
3·6·80 大花园内阿波罗水池中的群雕

3·6·78

3·6·77

3·6·79

3·6·80

3·6·80),成为勒诺特式花园,或法国古典园林的杰出代表。**三条放射形大道**事实上只有一条是通巴黎的,但在观感上使凡尔赛宫有如是整个巴黎、甚至整个法国的集中点。总而言之,凡尔赛宫反映了当时法王意欲以此来象征法国的中央集权与绝对君权的意图。而它的宏大气派在一段时期中很为欧洲王公所羡慕并争相模仿。

3·6·81

3·6·82

3·6·83

3·6·84

3·6·85

3·6·81—82

巴黎　苏必斯府邸(**Hotel de Soubise** 室内 1735 年)府邸的**椭圆形沙龙**的**洛可可**(**Rococo**)装饰风格的代表,建筑师是勃夫杭(**Gabriel Germain Boffrand**, 1667—1745)。洛可可装饰追求柔媚细腻的情调,题材常为蚌壳、卷涡、水草及其它植物等曲线形花纹,局部点缀以人物。色彩常为白色、金色、粉红、粉绿、淡黄等娇嫩的颜色。府邸外观简洁,除了阳台上的铁花栏杆外与一般古典主义城市住宅同。

3·6·83

洛可可由于路易十五的偏爱又称**路易十五式**。路易十四时用以表示威武的甲胄装饰,到路易十五时成为此样子。

3·6·84

18 世纪 30 年代一教堂中的**洛可可式神亭**。

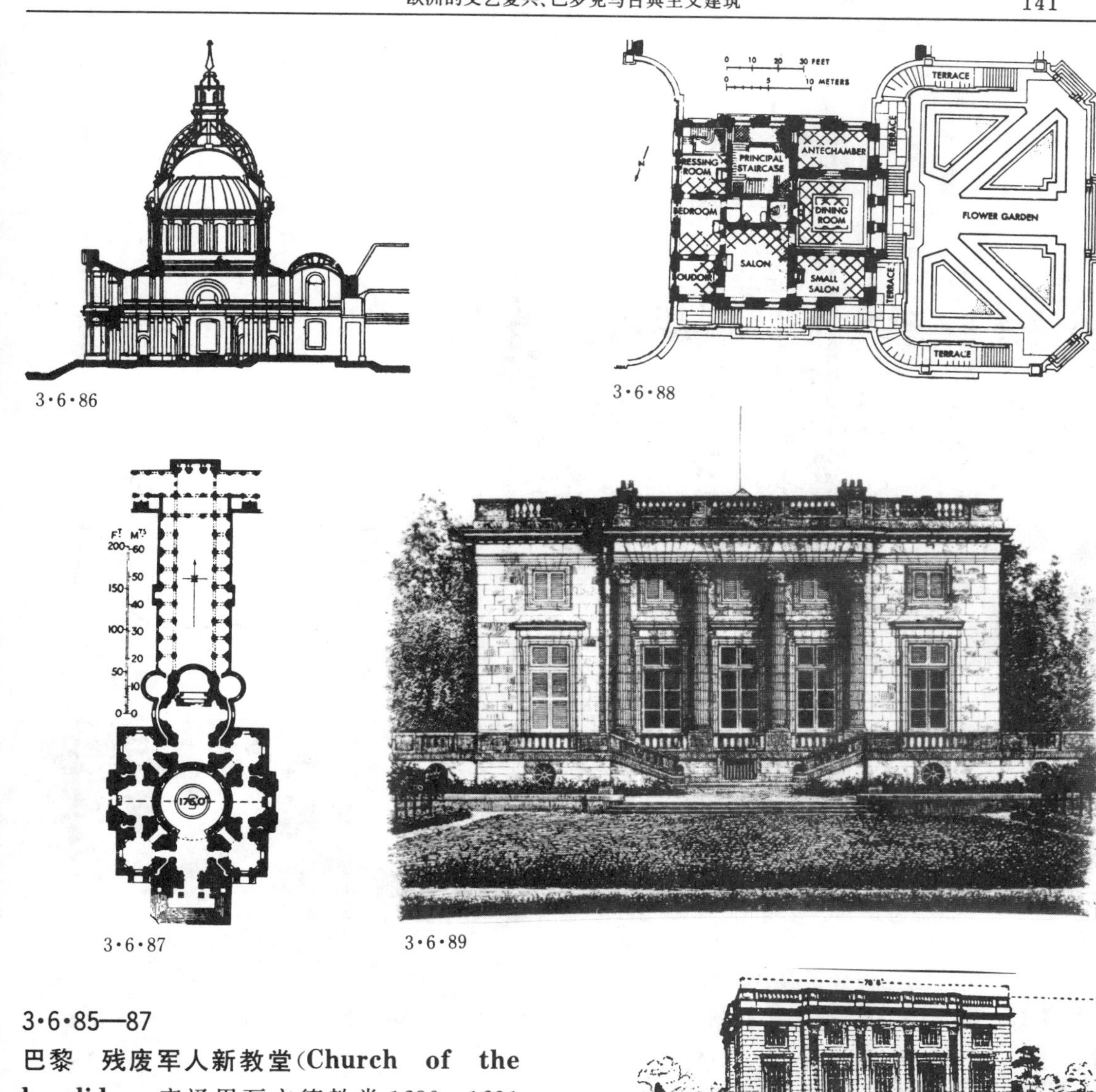

3·6·86

3·6·88

3·6·87

3·6·89

3·6·90

3·6·85—87

巴黎　残废军人新教堂(Church of the lnvalides, 音译恩瓦立德教堂1680—1691年)　法国古典主义教堂的代表。建筑师 **J. H.** 孟莎把教堂接在原有的巴西利卡式教堂南端。平面(图3·6·87)呈正方形,60.3米见方,上复盖着一里外有三层的穹窿。内部大厅十字形,四角上各有一圆形祈祷室。立面(图3·6·85)可分为两大段,上部穹窿(顶离地106米)为构图的中心,下部方正,本身构图完整,但又犹如前者的基座,外观庄严挺拔。现为军事博物馆,拿破仑的石棺也停放在此。

3·6·88—90

小特里阿农宫(Petit Trianon, 1762—1764年)　在凡尔赛宫大花园内,是路易十五为王后所建。造型为典型**古典主义**的纵横三段处理,基座很高,门廊有四根科林斯式柱子,整幢建筑在虚实、纵横中比例得当,手法严谨简洁,建筑师是　**J-A**　加贝里爱尔(**Jacques Ange Gabriel,** 1698—1782)。

3·6·91

3·6·92

3·6·91—93

巴黎　旺多姆广场(Place de Vendôme, 又译凡杜姆广场,1699—1701年)　巴黎在17—18世纪建造了许多广场,对改进市容起了很大作用。广场形式多样,有封闭的也有开放的,有方形、矩形的,有圆形、三角形、多边形的。旺多姆广场的设计最具代表性。建筑师是**J.H.** 孟莎。广场平面(图3·6·92)为当时喜用的抹去四角的矩形,长宽141×126米,有一条大道在此通过。中央原有路易十四的骑马铜像,法国大革命后被拆除,后于1806—1810年被拿破仑为自己建造的纪功柱所代替(图3·6·91,93)。纪功柱高41米,仿古罗马图拉真纪功柱的样式,内为石制,外包青铜,柱身上刻有拿破仑的战绩。广场周围是一色的三层的古典主义城市建筑,底层为券柱廊、廊后为商店,上面是住家,但在两个长边的中央与四角的转角处有些特别的处理,以便标明广场的轴线和突出中心。这种讲究全面规划、明确主从关系、追求和谐统一与有条不紊的风格是古典主义时期广场的一特色。

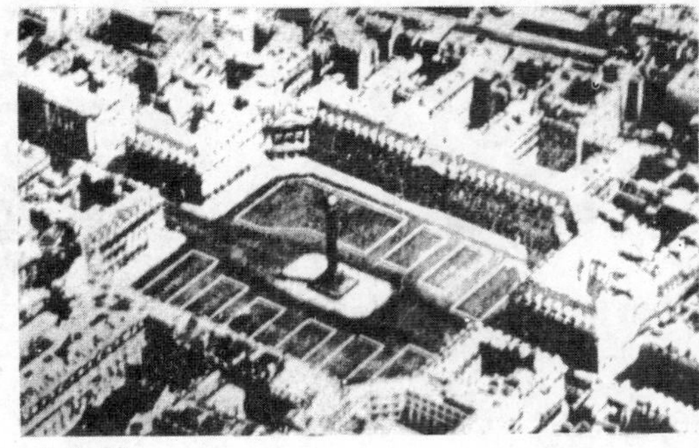

3·6·93

3·6·94—96

南锡广场群(Place Louis XV, Nancy, 又名南锡路易十五广场,1750—1755年)　洛林首府南锡的市中心广场。其风格是**古典主义与巴罗克**的综合,设计人是建筑师高尼(**Emmanuel Héré de Corny,** 1705—1763)和洛可可装饰名手勃夫杭。广场由三部份,一个长圆形广场,一个狭长的跑马广场和一个抹去四角的矩形广场组成。三个广场按同一轴线对称排列(图3·6·95),全长约450米。长圆形广场在北头,原叫王室广

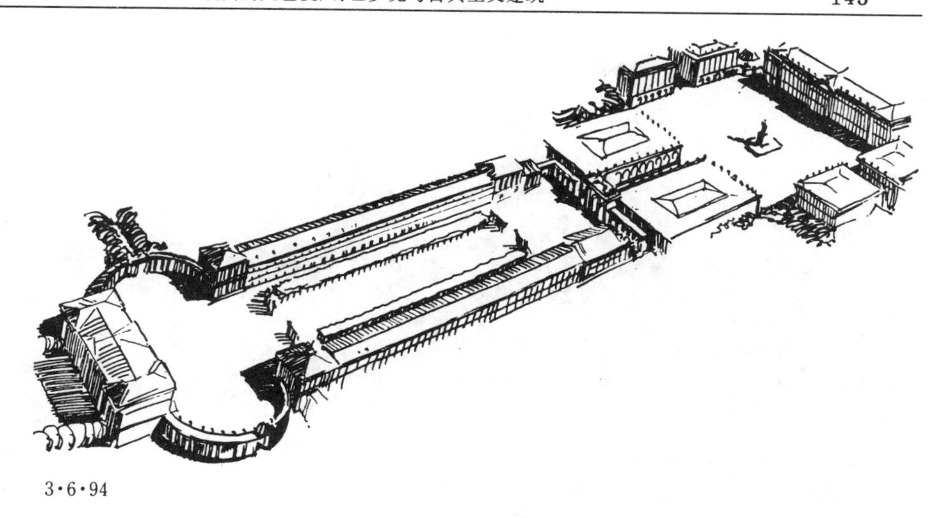

3·6·94

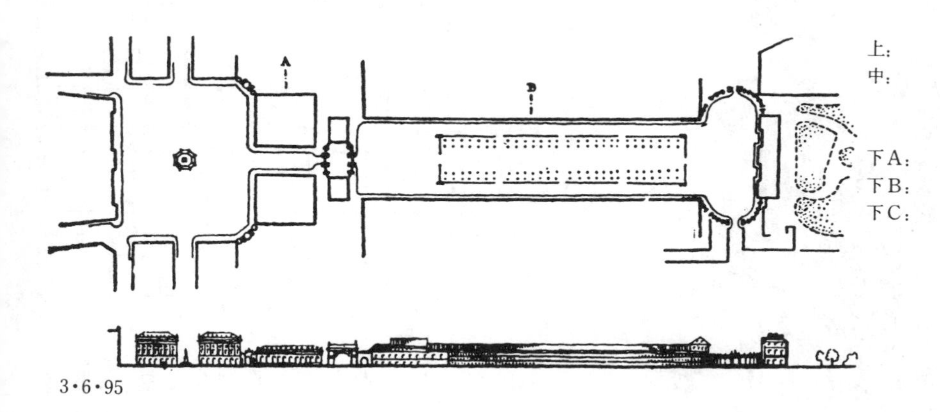

3·6·95

上：南锡广场群鸟瞰

中：广场平面。左（南）为斯丹尼斯拉广场；中为跑马广场；右（北）为政府广场。

下A：跑马广场以南的凯旋门

下B：政府广场上的长官官邸

下C：斯丹尼斯拉广场的市政厅

场，后改名**政府广场**，以长官官邸为起点（图3·6·96 **B**）；长方形广场在南头，原叫路易十五广场，后改名**斯丹尼斯拉广场**（**Place Stanislaus**），以市政厅（**Hotel de Ville**，图3·6·96 **C**）为起点；**跑马广场**夹在中间。整个广场群是半开半闭的，如透过政府广场两侧的券廊可以看到外面斯丹尼斯拉广场的四角是敞开的。处在跑马广场与斯丹尼斯拉广场之间有一道宽约40—65米的河流，河上筑有30余米宽的坝，坝上的建筑使之在联系中形成瓶口，瓶口处有一凯旋门（图3·6·96 **A**）。广场群形体多样：既统一又变化、既开敞又封闭、既收又放、既分又合，再加上其中的树木、喷泉、雕像、铁花栅栏等等，使之成为世界著名广场之一。

3·6·96

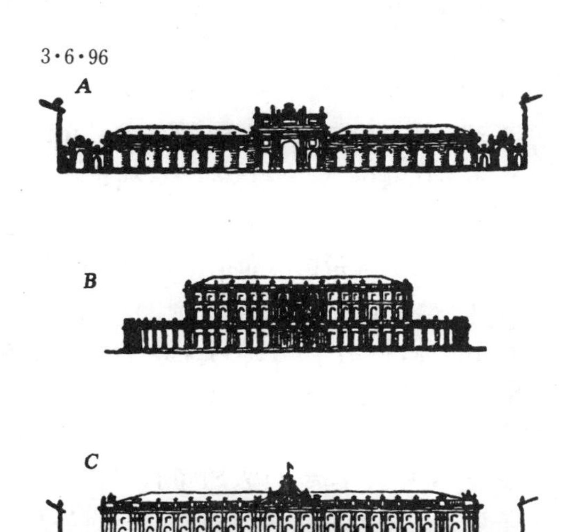

3·6·97

3·6·99

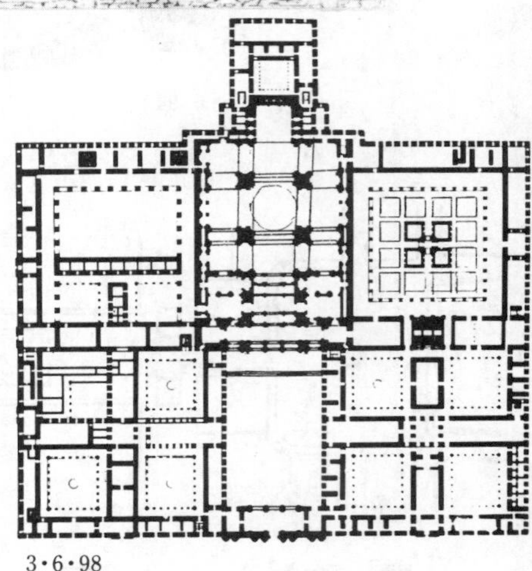

3·6·98

3·6·97—98

西班牙 埃斯库里阿(The Escurial 1559—1584年) 建于马德里西北48公里的旷野中，是当时(1516—1700年)统治西班牙的神圣罗马帝国哈布斯王朝为自己建造的皇宫。皇宫规模宏大(图3·6·98)，长206米，宽161米，内有16个大小庭院，86座楼梯，89个水池。主要由六大部份组成：处于西面正入口的王室大院之东是一希腊十字式的教堂。教堂中央是大穹窿，四角有塔楼。地底下是皇族的陵墓，意大利建筑师维尼奥拉曾参加设计；大院之南是修道院；大院之北是神学院与大学；教堂之南是绿化庭园，周围是宗教用房；教堂之北是政府办公处；皇帝的起居部分在教堂神龛后那块突出的地方。整个布局条理分明，分区明确，表现了**文艺复兴**风格的特点，但外型(图3·6·97)则除了文艺复兴的简洁整齐外，还保存有**西班牙哥特**的传统。建筑师是鲍蒂斯达(**Juan Bautista de Toledo**, 约1567)和埃瑞拉(**Juan de Herrera**, 1530—1597)。据说凡尔赛宫就是为与它竞争而建的。

3·6·99

西班牙 圣地亚哥·德·贡波斯代拉教堂(Santiago de Compostela, 1660—1738年) **西班牙巴罗克**教堂的代表。总体上保持哥特传统，但细部处理，如卷涡、断山花、断檐、曲线、曲面、过多的装饰与追求光影效果等则完全是巴罗克的。

3·6·100

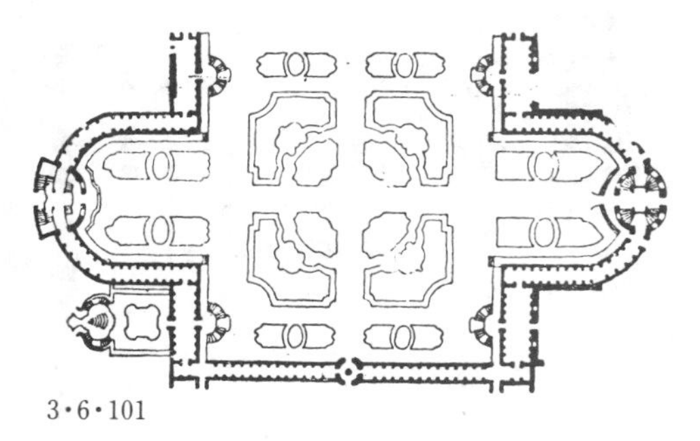

3·6·101

3·6·100—101

德累斯登 茨温格庭院(The Zwinger, Dresden, 1711—1722 年) 供王公贵族集会用的庭园建筑。主园约 106×107 米,周围环有长廊、休息室、厅堂与花卉温室等等。德国在接受**文艺复兴**风格影响的同时接受了**巴罗克**与**古典主义**风格。正面入口的“皇冠门”(图 3·6·101)与两侧园中央的休息厅明显地是德国巴罗克式的。建筑师飘普曼(**Matthaeus Daniel Pöppelmann**, 1662—1736)。

3·6·102—104

弗兰克尼亚 十四圣徒朝圣教堂(Pilgrimage church of Vierzehn-heiligen, Franconia 1743—1772 年) **德国巴罗克**教堂的代表。教堂设计手法纤巧细腻,内部(图 3·6·103, 104)地面、墙面、天花全部为卵形的曲线与曲面,上下左右连绵不断,流动感甚强。建筑师是纽曼(**Johann Balthasar Neumann**, 1687—1753)。

3·6·102

3·6·103

3·6·104

3·6·105

3·6·106

3·6·105

德国巴罗克建筑常有许多纤巧与精细的灰泥或石膏花饰，三向度地盘缠于波浪形的墙面与天花之间。图为**在布鲁索的主教宫中的沙龙**(**Salon, Palace of the Archbishop, Bruchsal**, 1760 年)，为雕塑家 **J.M.** 费芝马耶(**Johann Michael Feichtmayer**, 1709 或 1710—1772)所作。

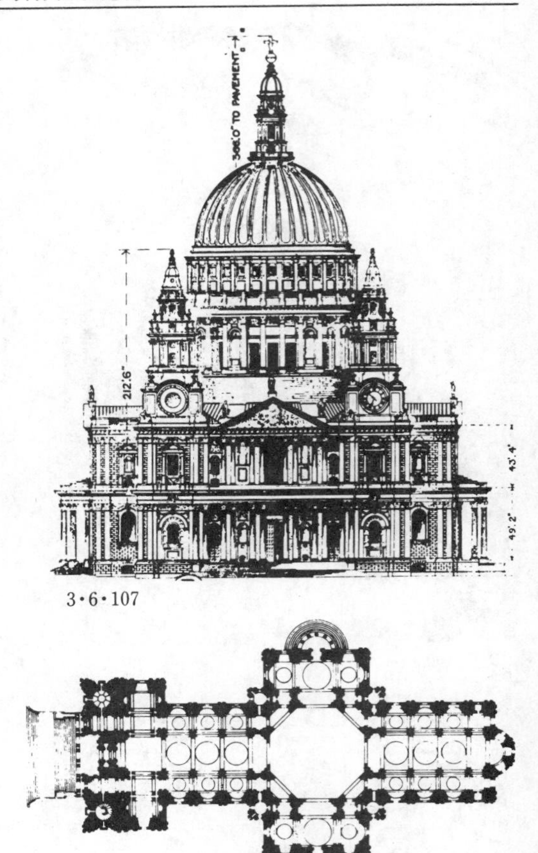

3·6·107

3·6·108

3·6·106

英国都铎式建筑(**Tudor Architecture**)

英国十六世纪都铎王朝时的建筑风格逐渐从哥特过渡到文艺复兴。图为一**都铎式府邸**。建筑体形复杂起伏以及尚留有雉堞、塔楼等属哥特风格，但水平线划分与大体对称是文艺复兴的。一般民居仍以半露木构架(图 3·5·104)为主。

3·6·107—111

伦敦　圣保罗主教堂(**S. Paul**, 1675—1710 年)　**英国**最大的教堂，**古典主义**建筑的代表，建筑师雷恩(**Sir Christopher Wren**, 1632—1723)。教堂平面拉丁十字形，内部进

3·6·109

3·6·110

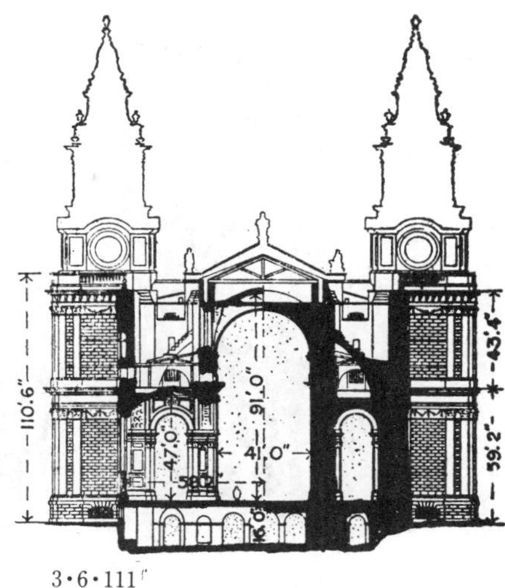

3·6·111

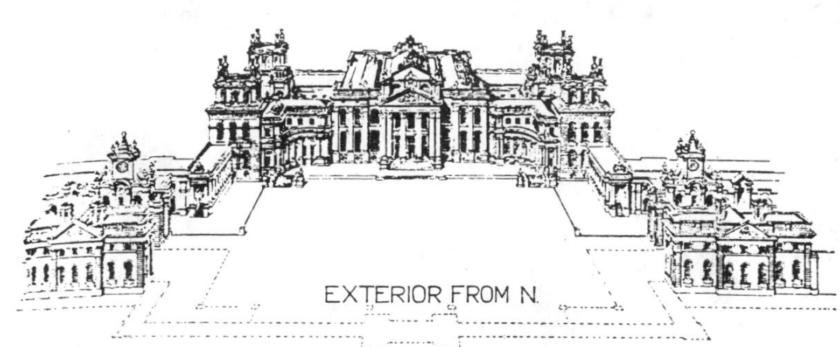

3·6·112

深 141 米,翼部宽 30.8 米,中央穹窿底部直径 34 米,顶端离地 111.5 米。其立面构图使人联想到巴黎的残废军人新教堂(图 3·6·85—87),但两旁有一对尚有哥特遗风的钟塔。

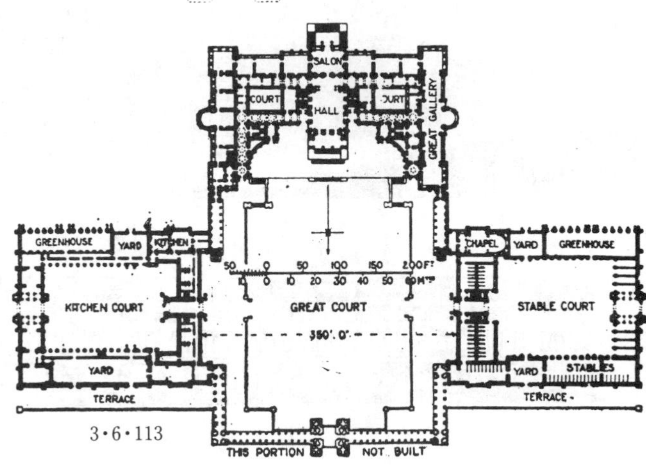

3·6·113

3·6·112—113

伯仑罕姆府邸(*Blenheim Palace*,1705年,图3.6.112,113)或称伯仑尼姆府邸,位于牛津郡,是英国古典主义府邸代表之一。它由三个院落组成(图3.6.113),中间为主人用房,左面为附属用房,右面为马厩。府邸全长261米,主楼长97.6米,气势威严。

3·6·114

上：　冬宫外观与亚力山大洛夫斯基纪念柱。
左：　皇宫广场，皇宫对面是总司令部大厦。
下：　冬宫平面。上部为临涅瓦河的连列厅。

3·6·115

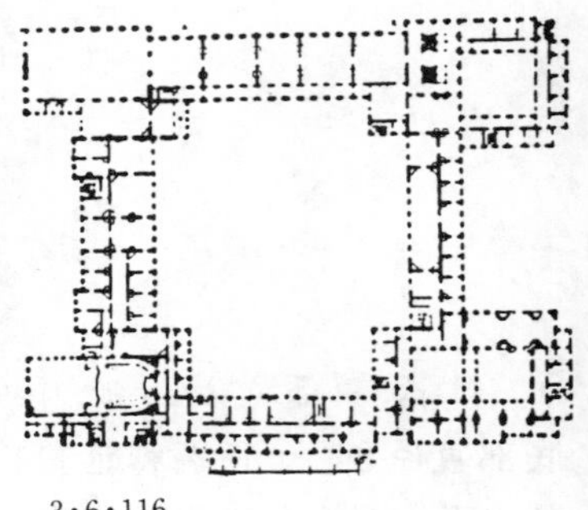

3·6·116

3·6·117

3·6·114—117

彼得堡　冬宫(Зимний Дворец, 1755—1762 年)　俄罗斯自彼得大帝当权(1682—1725)后逐渐走向绝对君权制，其建筑亦倾向**古典主义**风格。俄罗斯古典主义主要受法国影响，但立面处理较之复杂与零乱，并常有倚柱、断檐等巴罗克手法。宫前(图 3·6·115，116)有建于 1819—1829 的皇宫广场和立面呈半圆形的总司令部大厦；广场中央是亚力山大洛夫斯基纪念柱。为了符合使用要求冬宫的主要大厅与连列厅面向涅瓦河与在它西面的花园。

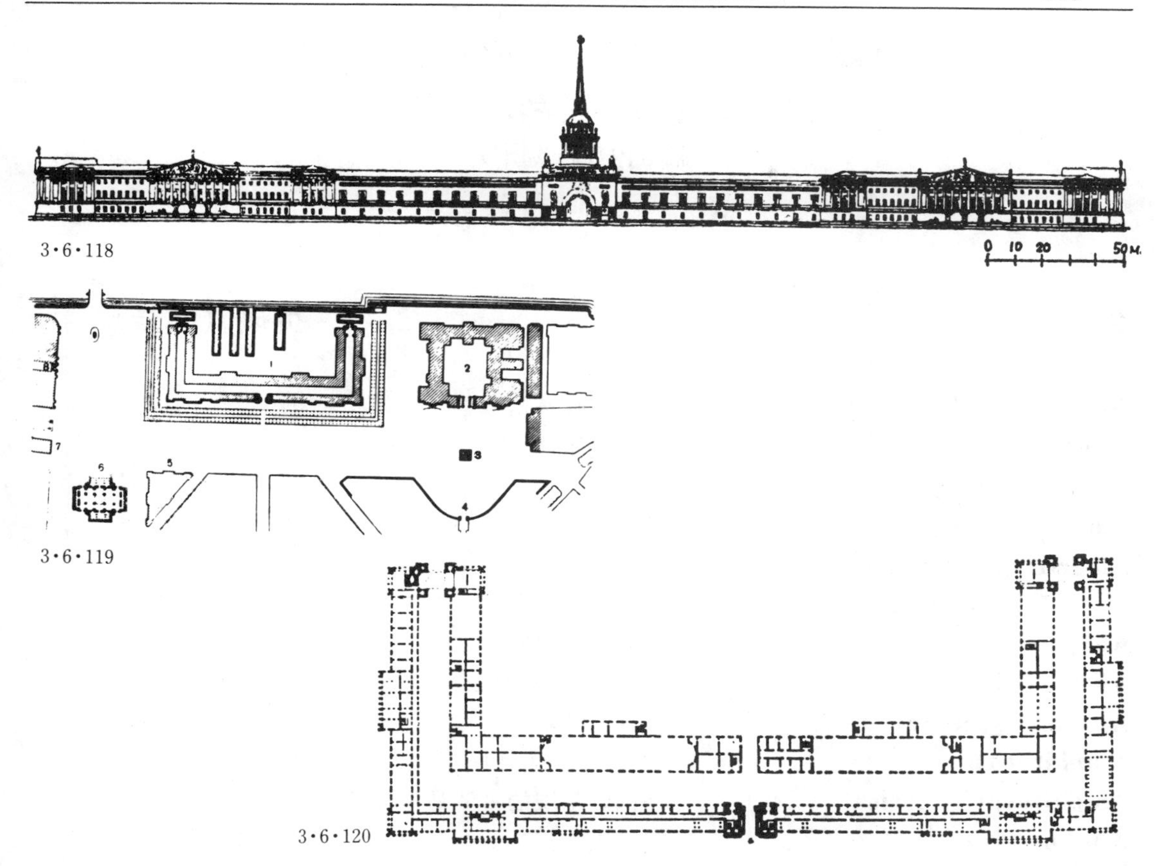

3·6·118

3·6·119

3·6·120

3·6·118—121

彼得堡 海军部(Адмиралтейство, 1806—1823年) 19世纪上半叶**俄罗斯古典主义**风格的杰出代表,位于冬宫西面,涅瓦河畔(图3·6·119)。建筑平面门字形(图3·6·121),主要房间朝涅瓦河。正面长407米,但并不高,建筑师萨哈洛夫(Андрияан Захаров, 1761—1811)突破了传统手法,把立面(图3·6·118)两端各组成为一纵五段的小组,然后用简洁的墙面把它们同中央塔楼联系起来。这样既突出了中心又不因过长而显得单调。中央塔楼(图3·6·122)是整座建筑的中心,塔高23米(塔顶离地72米),造型刚劲挺拔,富于纪念性并具有俄罗斯传统特色(参见图3·1·25—33),顶尖托着一只帆船。大厦前面是三条放射形大道会合的地方,突出了它在城市中,也就是在当时俄国的权威性地位。

3·6·121

外文中文名称索引表

括号内数码为图号

俄文部分

后 记

这本《外国建筑历史图说》是在过去我校编写的各种古代外建史教材，特别是1963年陈婉先生编的《外国建筑史参考图集》，及1975年同济大学与南京工学院合编的《外国建筑史图集》的基础上完成的。所以我们特别要感谢陈婉先生，刘先觉先生，以及同济大学和南京工学院过去参加过外国建筑史图集编写工作的各位先生。在这里，我们还要特别感谢陈志华先生，他编写的《外国建筑史（十九世纪末叶以前）》给了我们很多的帮助。具体参加本书编写工作的还有同济大学的陈婉、王秉铨、路秉杰、李涛等几位教师，于此一并致谢。

同济大学

罗小未　　蔡琬英

1985.10.